普通高等教育创新型人才培养系列教材

飞机空气动力学 同步学习指导

主　编　康小伟　郭卫刚
副主编　潘向宁　胡家林

北京航空航天大学出版社

内 容 简 介

本书共 8 章,主要内容有气流的基本概念和运动特性、飞机的低速和高速空气动力特性、螺旋桨的空气动力特性、典型飞机气动布局、空气动力学实验原理及方法等。每章由知识要点、典型题目解析、思考题详解、章节自测、章节自测参考答案这五部分组成。

本书与柳文林、康小伟主编的《飞机空气动力学》(书号:978-7-5124-3876-7,北京航空航天大学出版社 2022 年 11 月出版)配套使用。

图书在版编目(CIP)数据

飞机空气动力学同步学习指导 / 康小伟,郭卫刚主

编. -- 北京:北京航空航天大学出版社,2024.10.

ISBN 978-7-5124-4458-4

Ⅰ. V211.4

中国国家版本馆 CIP 数据核字第 20242S5H36 号

飞机空气动力学同步学习指导

主 编 康小伟 郭卫刚

副主编 潘向宁 胡家林

策划编辑 董 瑞 责任编辑 董 瑞

*

北京航空航天大学出版社出版发行

北京市海淀区学院路 37 号(邮编 100191) http://www.buaapress.com.cn

发行部电话:(010)82317024 传真:(010)82328026

读者信箱:goodtextbook@126.com 邮购电话:(010)82316936

艺堂印刷(天津)有限公司印装 各地书店经销

*

开本:787×1 092 1/16 印张:8.5 字数:207 千字

2024 年 10 月第 1 版 2024 年 10 月第 1 次印刷 印数:1 000 册

ISBN 978-7-5124-4458-4 定价:36.00 元

前　言

本书与柳文林、康小伟主编的《飞机空气动力学》(书号：978 - 7 - 5124 - 3876 - 7，北京航空航天大学出版社 2022 年 11 月出版)配套使用。

本书共 8 章，主要内容有气流的基本概念和运动特性、飞机的低速和高速空气动力特性、螺旋桨的空气动力特性、典型飞机气动布局、空气动力学实验原理及方法等。每章由知识要点、典型题目解析、思考题详解、章节自测、章节自测参考答案这五部分组成。其中，知识要点部分对教材内容进行了高度的概括总结，系统简洁地讲解了各章的重要概念、重要理论、重要方程，并对学生学习过程中经常遇到的一些疑难问题进行详细解答；典型题目解析部分对精选的各种类型典型题目进行了深入分析和详细解答，并特别针对初学者容易出错和产生疑惑的地方给出提示；思考题详解部分给出教材中每章末思考题和习题的详细解答，具有很强的指导作用；章节自测和章节自测参考答案部分对学生的学习进行测试，引导学生进行有效复习。

本书由康小伟、郭卫刚主编，参加编写的有康小伟(第 1 章和第 8 章)、郭卫刚(第 2 章和第 3 章)、潘向宁(第 4 章和第 5 章)和胡家林(第 6 章和第 7 章)。全书由康小伟统稿。海军航空大学徐彦军教授、费景荣教授对全书进行了详细审阅，并提出了许多宝贵意见，在此表示衷心的感谢。

由于编者水平有限，书中如有错误或不妥之处，敬请读者批评指正。

编　者

2023 年 5 月

目　　录

第1章 绪 论

1.1 知识要点

本章主要介绍空气动力学的研究对象及其分类,简述空气动力学的发展概况和研究方法,并说明空气动力学与航空飞行实践的紧密联系。通过本章学习,可使读者了解空气动力学与航空技术发展以及飞行实践的关系,理解空气动力学课程在专业学习中的作用。

1.1.1 基本概念

空气动力学是研究物体和空气之间有相对运动时,空气的运动规律及作用力(空气内部的和空气对物体的)所服从的规律的一门学科。

1.1.2 基本理论和基本方程

1. 空气动力学的分类

空气动力学的分类方式很多,一般按照研究对象和空气介质的运动速度进行分类。

(1) 按研究对象进行分类

空气动力学可分为飞行器空气动力学和工业空气动力学。其中,飞行器空气动力学的研究对象是航空器、航天器、导弹和火箭等飞行器;工业空气动力学的研究对象则是与工农业生产相关的设施设备,如涡轮发电机、建筑物、交通运输工具、天气预报等。

(2) 按气流速度进行分类

空气动力学可分为低速空气动力学(飞行速度小于声速的 30%)和高速空气动力学(飞行速度大于等于声速的 30%)。其中,高速空气动力学又可分为亚声速空气动力学(飞行速度大于声速的 30%,小于声速的 80%)、跨声速空气动力学(飞行速度大于声速的 80%,小于 1.4 倍声速)、超声速空气动力学(飞行速度大于 1.4 倍声速,小于 5 倍声速)、高超声速空气动力学(飞行速度大于 5 倍声速)。

2. 空气动力学的研究方法

空气动力学的研究方法包括实验研究、理论分析和数值计算。这些方法并不是相互排斥的，而是相互补充的，从而达到理论指导实践、实践验证理论的目的。

1.1.3　常见问题

1. 空气动力学与流体力学的关系

空气动力学源于流体力学，而流体力学是物理学的一个分支。流体力学研究的介质是流体（包括液体和气体），而空气动力学研究的介质是空气。

2. 飞行学员的关注点

对于飞机设计者而言，空气动力学主要研究"飞机与流动空气接触部位的形状设计——使得飞机在大范围内（不同的速度、高度等）都有理想的气动力和力矩"。对于飞行员而言，空气动力学主要研究"空气流经飞机时，作用在飞机上的空气动力的大小及其变化规律，以及如何通过控制气动力来控制飞机的运动"。

1.2　思考题详解

1. 高速空气动力学中，以什么速度作为划界速度？是如何划界的？

答：

（1）高速空气动力学中，将声速作为划界速度。

（2）亚声速空气动力学研究飞行速度低于声速的问题，在声速左右的称为跨声速空气动力学，超过声速的称为超声速空气动力学，超过声速 5 倍的称为高超声速空气动力学。

2. 空气动力学的研究方法有哪几种？

答：

空气动力学的研究方法有 3 种，分别是实验研究、理论分析和数值计算。

3. 空气的可压缩效应在什么条件下不能再被忽略？它会引起哪些现象？

答：

（1）飞行速度达到声速的 30% 以上时，空气的可压缩效应不能再被忽略。

（2）空气的可压缩效应会导致激波、波阻等一系列现象的出现。

4. 在空气动力学的研究中，飞机具有哪 6 个基本特征？

答：

（1）提供足够的升力。

（2）具有较高的气动效率（升阻比）。

（3）产生足够的推进力。

（4）具有良好的稳定性能。

（5）具有满意的操纵与控制能力。

（6）具有满意的全机受力受热特征。

1.3　章节自测

1.3.1　单选题

1. G·凯利确定的飞机基本布局包括机身、机翼、平尾和（　　）。

A. 发动机　　　　　B. 起落架　　　　　C. 垂尾　　　　　D. 座舱

2. 当飞行速度达到（　　）以上时，空气的压缩效应变得显著起来。

A. 5 倍声速　　　　B. 1.4 倍声速　　　C. 声速的 80%　　D. 声速的 30%

3. 在附着流型下，飞机设计的基本思想是（　　）。

A. 发挥附着涡的作用，同时尽量抑制翼尖处的自由涡

B. 同时发挥附着涡和翼尖处自由涡的作用

C. 发挥翼尖处自由涡的作用，同时尽量抑制附着涡

D. 同时抑制附着涡和翼尖处自由涡的作用

4. 乘波体飞机最适合于（　　）。

A. 低速飞行　　　　B. 跨声速飞行　　　C. 超声速飞行　　　D. 高超声速飞行

1.3.2　多选题

5. 根据飞行速度的不同，高速空气动力学可以分为（　　）。

A. 亚声速空气动力学　　　　　　　　B. 跨声速空气动力学

C. 超声速空气动力学　　　　　　　　D. 高超声速空气动力学

6. 按照气流特点，将空气流动划分为（　　）。

A. 附着流型　　　　B. 脱体流型　　　　C. 激波流型　　　D. 自由流型

1.4　章节自测参考答案

1. C　　　2. D　　　3. A　　　4. D　　　5. ABCD　　　6. ABC

第 2 章　低速气流特性

2.1　知识要点

本章主要介绍低速气流的基础知识，包括气流的有关基本概念、一维定常流动的基本方程和低速边界层等。通过本章学习，学生能够说出定常流和非定常流，流线、迹线、流管的定义和特点，层流和湍流的区别，雷诺数的物理意义，低速边界层的定义；能够阐述连续介质假设，低速边界层分离的原因和过程；能够掌握连续方程、伯努利方程的使用条件、具体形式以及物理意义；能够利用连续方程和伯努利方程求解低速气流的物理参数，会计算雷诺数。

2.1.1　基本概念

1. 流体微团

流体微团是指含有较多空气分子的很小一团空气，其尺寸大小与飞行器特征尺寸相比是微不足道的，但是包含足够多的空气分子。

2. 连续介质假设

把空气看成由流体微团组成的没有间隙的连续体，即连续介质假设。

3. 流　体

气体和液体都是流体。

4. 流　场

运动流体所占据的空间即为流场。

5. 定常流动

流场中，任一固定点处的速度、温度、压强和密度等状态参数都不随时间的变化而变化的流动称为定常流动。

6．非定常流动

流场中,任一固定点处的速度、温度、压强和密度等状态参数随时间的变化而变化的流动称为非定常流动。

7．流　线

流线是流场中的一条曲线,在给定的某一时刻,质心位于该曲线上各点的流体微团的速度方向都与该曲线上微团所在处的切线相重合。

8．迹　线

流场中,任一流体微团的运动轨迹称为迹线。

9．流　管

由通过流场中任意一个非流线的闭合曲线上各点的流线围成的管子称为流管。

10．流　谱

包含流线和涡流等能反映流体流动全貌的图形称为流线谱,简称流谱。

11．黏　性

当空气内部各层存在相对运动时,相邻两个运动速度不同的空气层相互牵扯的特性称为空气的黏性。

12．理想流体

黏性系数等于零的流体称为理想流体。

13．雷诺数

衡量流体惯性力和黏性力相对大小的无因次相似参数,称为雷诺数。

2.1.2　基本理论和基本方程

1．运动转换

将物体在静止空气中的运动转换为空气流过静止物体的方法称为运动转换。运动转换的目的在于,通过选取适当的坐标系,变非定常流动为定常流动,从而使流动问题得到简化。运动转换的理论依据是运动的相对性原理,即将一等速直线运动加到某一运动物体上时,物体上受到的作用力保持不变。空气动力学最主要的实验设备——风洞,就是根据运动的相对性原理而设计的。

2. 欧拉法与拉格朗日法

在研究流体的运动时,通过分析流场中每一个固定空间点处的流体微团的压强(p)、密度(ρ)、温度(T)、速度(V)等状态参数随时间(t)的变化,以及研究由某一空间点转到另一个空间点时这些状态参数的变化,从而得到流体的运动规律,这种研究流体运动的方法称为欧拉法;而通过研究流场中某一指定微团的 p、ρ、T、V 等状态参数随时间的变化,从而得到流体的运动规律,这种方法则称为拉格朗日方法。

在空气动力学中,一般采用欧拉法。

3. 连续方程

连续方程是把质量守恒定律应用于运动流体所得到的数学关系式,又称为质量方程。其物理意义是,在一维定常流动中,单位时间内通过同一流管任一截面的流体质量都相等。它既适用于理想流体(忽略黏性作用的流体),也适用于黏性流体。

4. 伯努利方程

伯努利方程是根据物理学中的动量定理推导而来的,但它反映了流体的能量关系。其物理意义是,空气在低速一维定常流动中,同一流管的各个截面上,静压与动压之和(全压)都相等。伯努利方程仅适用于不可压缩理想流体的一维定常流动。

5. 边界层

边界层是指流体绕固态物体流动时,在紧挨着物面附近形成的一个沿物面法线方向向外速度逐渐增大的黏性流体薄层。沿物面法线流速不再变化的气流称为主流。沿物面各点的法线上,速度达到主流速度的 99% 处为边界层的边界。由边界层边界到物面的垂直距离为边界层厚度,常用 δ 表示。边界层有两个性质:① 空气沿物面流过的路程越远,边界层就越厚;② 边界层内沿物面法线方向各点的压力不变,并且等于主流的压力。

6. 层　流

空气微团运动规则,没有强烈的上下乱动现象,空气分层流动,各层互不混淆,流速稳定,是一种稳定的流动。层流可以转捩为湍流。

7. 湍　流

空气微团运动不规则,上下乱动现象明显,各层之间强烈混合,呈现局部的微小旋涡,流速也出现脉动,是一种紊乱的流动。与层流边界层相比,湍流边界层的厚度较大,物面处的速度梯度也较大。

8. 边界层分离

边界层内的空气在沿机翼表面流动的过程中,其速度一方面受到黏性力的影响要不断减小,另一方面还会受到沿途压力变化的影响。在顺压梯度段,边界层底层的空气在顺压的作用下加速,但由于黏性力的影响,速度增加不多;在逆压梯度段,边界层底层的空气则受到黏性力和逆压的双重阻碍作用,减速很快,至流到某一点时,非常贴近机翼表面的一层空气流速减小为零,即该点的速度梯度 $(\partial V/\partial y)_{y=0}=0$。过该点再向后,边界层底层的空气在逆压的作用下开始从后向前流动,产生倒流现象。倒流而上的空气与顺流而下的空气相遇,使边界层空气发生堆积,进而拱起、脱离翼面,被主流卷走产生大量旋涡。这样,边界层气流不能紧贴翼面流动,发生了边界层分离(也称气流分离)。边界层气流开始离开翼面的点称为分离点,分离点的位置及涡流区的大小与气流与机翼的相对位置关系有关。发生边界层分离的内因是空气的黏性,外因是逆压梯度。

2.1.3　常用公式

1. 连续方程

$$\rho_1 A_1 V_1 = \rho_2 A_2 V_2 = C \tag{2-1-1}$$

式中,ρ——流体密度,kg/m^3;

　　下标1,2——同一流管的不同位置;

　　V——流体速度,m/s;

　　A——流管截面积,m^2;

　　C——常数,表示单位时间流过同一流管任一截面的流体质量,kg/s。

式(2-1-1)的物理意义是,在一维定常流动中,单位时间内通过同一流管任一截面的流体质量都相等。它既适用于可压缩和不可压缩流动,也适用于黏性流体和理想流体。

$$VA = C' \tag{2-1-2}$$

式中,C'——常数,表示单位时间内流过同一流管任一截面的空气体积,m^3/s。

式(2-1-2)的物理意义是,在不可压缩的一维定常流动中,单位时间内通过同一流管任一截面的流体体积都相等。它既适用于不可压缩流动,也适用于黏性流体和理想流体。

2. 伯努利方程

$$p + \frac{1}{2}\rho V^2 + \rho g h = C \tag{2-1-3}$$

式中,p——压强,又称静压或者压力,Pa;

　　ρ——密度,kg/m^3;

　　V——速度,m/s;

　　g——重力加速度,m/s^2;

　　h——高度差,m;

　　C——针对同一流管而言的常数。

式(2-1-3)中,第一项 p 是一种尚未表现出来的势能,应用于空气时,p 是单位体积空气所具有的势能,常称为压力能;第二项 $\rho V^2/2$,称为动压,代表单位体积空气具有的动能,常用 q 表示;第三项 ρgh 是单位体积流体所具有的重力势能,对于空气可以忽略不计;第四项 C 则代表单位体积流体所具有的总机械能。

对于气体(如空气)来说,当流动高度变化不大时,重力的影响一般可以略去。所以,气体的伯努利方程通常写为

$$p + \frac{1}{2}\rho V^2 = p_0 \qquad (2-1-4)$$

式中,p_0——总压(或全压),代表单位体积空气的总机械能,Pa。

伯努利方程表明,空气在低速一维定常流动中,同一流管的各个截面上,静压与动压之和(全压)都相等。

3. 真速与表速

$$V_{真} = V_{表}\sqrt{\frac{\rho_0}{\rho_H}} \qquad (2-1-5)$$

式中,$V_{真}$——真速;

$V_{表}$——表速;

ρ_0——海平面标准大气的密度;

ρ_H——飞行高度为 H 时的大气密度。

$V_{表}$ 一般并不是飞机的真正飞行速度,而只是反映了动压的大小;$V_{表}$ 相同,说明动压相等。而 $V_{真}$ 则反映了飞机的真实飞行速度,一般随飞行高度 H 改变。在海平面飞行时,$V_{真} = V_{表}$。当高度升高时,$V_{真} > V_{表}$。

4. 雷诺数

$$Re = \frac{\rho VL}{\mu} \qquad (2-1-6)$$

式中,Re——雷诺数;

ρ——密度;

V——流速;

L——物体的特征长度(或流谱的线性尺度);

μ——黏性系数,Pa·s。

黏性流动有两种流态,分别是层流和湍流。雷诺数增大,会使层流运动的稳定性降低,导致湍流出现或湍流段增长。开始出现湍流的雷诺数称为临界雷诺数,用 Re^* 表示。$Re < Re^*$ 时,流动是层流;$Re > Re^*$ 时,流动是湍流。临界雷诺数也是判断边界层流态的一个标准:$Re > Re^*$ 时,边界层产生湍流;Re 增大,湍流段增长,层流段缩短;Re 增至一定程度时,边界层内的流动全变成湍流。需要注意的是,实验表明,Re^* 不是一个常数,其大小与物体表面的粗糙度以及流体的初始扰动情况等因素有关。

2.1.4　常见问题

1. 流线与迹线的区别

流线是为了直观描述流场中流体的流动情况而定义的,是流场中每一个空间点处速度的方向形成的一条光滑曲线,不是真实存在的;而迹线是每个流体微团在流场中的真实运动轨迹。

在定常流动中,迹线可以看作是流线。在非定常流动中,流线的形状和位置随时间变化,迹线与流线不重合。

2. 空气动力学中一般都采用欧拉法研究流体运动

在研究流体流动规律或流体与物体间的相互作用力时,通常只选取物体附近一定范围的空间作为研究对象,讨论的流场通常在这个范围内。采用连续介质假设后,研究空气流动的最小单位为空气微团,不必研究大量分子的瞬间状态,而只要研究描述空气宏观状态的物理量,即可以广泛应用数学上有关连续函数的解析方法。但是,运用拉格朗日方法研究流体运动时,在数学上往往碰到诸多困难,所以在空气动力学中一般都采用欧拉法。

3. 边界层的边界线不是一条流线

边界层是流场中紧贴物面的一黏性流体薄层。边界层的边界是由沿物面法线方向上的气流速度所决定的,当速度等于主流速度的 99% 时,该处即为物面该点边界层的边界。其作用是确定边界层的厚度,以及黏性的影响范围(即边界层内流动)。

4. 黏性作用的范围

在流场中,对边界线之外的主流则不必再考虑空气黏性的影响,可以当作理想流体来处理,黏性的影响仅局限于边界层内的,而整个流场中空气黏性的影响,也就可以通过边界层来体现了。

2.2　典型题目解析

假设收缩管的入口面积 $A_1 = 3$ m^2,出口面积 $A_2 = 2.5$ m^2。空气进入该收缩管的速度 $V_1 = 200$ m/s,密度 $\rho_1 = 0.2$ kg/m^3,空气离开出口的速度 $V_2 = 300$ m/s。计算出口处的空气密度 ρ_2。

解:

入口速度 V_1 为 200 m/s,是高速流动,应当考虑压缩性对该流动的影响,即 ρ_2 不同于 ρ_1。

根据连续方程式(2-1-1)

$$\rho_1 A_1 V_1 = \rho_2 A_2 V_2$$

可得

$$\rho_2 = \rho_1 \frac{A_1 V_1}{A_2 V_2} = 0.2 \text{ kg/m}^3 \times \frac{3 \text{ m}^2 \times 200 \text{ m/s}}{2.5 \text{ m}^2 \times 300 \text{ m/s}} = 0.16 \text{ kg/m}^3$$

注:ρ_2 的值不同于 ρ_1,这很清楚地表明该示例中的流动为可压缩流动。如果该流动本质上是不可压缩流动,则根据式(2-1-1)计算得出 ρ_2 的值应该等于 ρ_1;但是情况并非如此。应牢记式(2-1-1)比式(2-1-2)更具有普遍性。式(2-1-1)既可以用于可压缩流动,也可以用于不可压缩流动;而式(2-1-2)仅仅适用于不可压缩流动。

2.3　思考题详解

1. 什么是连续介质假设?这样的假设合理吗?应用连续介质假设研究飞机空气动力时,是否有限制条件?

答:

(1)基于空气微团的概念,把空气看成由空气微团组成的没有间隙的连续体,这就是连续介质假设。

(2)假设合理。因为目前一般飞机飞行的高度范围内,空气分子的平均自由程与飞机的特征长度相比,是极其微小的。所以可以抛开无规则的分子运动,用一种简化的模型(微团)来代替空气的真实微观结构,只从宏观上研究空气微团对飞机的作用力。

(3)只有在高度较低、空气分子的平均自由程极其微小(与飞机的特征长度相比)时,连续介质假设才成立。

2. 什么是流场?定常流动与非定常流动有什么区别?

答:

(1)运动流体所占据的空间称为流场。

(2)流场中任一固定点的气流速度、压强、温度、密度等状态参数均不随时间变化的流动称为定常流动;反之,如果气流状态参数随时间变化,则是非定常流动。

3. 什么是流线、流管、流谱?低速气流中,二维流谱是由哪些因素决定的?

答:

(1)流线是流场中的一条曲线,在给定的某一时刻,质心位于该曲线上各点的流体微团的速度方向都与该曲线上微团所在处的切线方向一致。

(2)由通过流场中任意一个非流线的闭合曲线上各点的流线围成的管子称为流管。

(3)包含流线和涡流等能反映流体流动全貌的图形叫流线谱(简称流谱)。

(4)在低速气流中,流谱的形状取决于两点,一是物体的剖面形状,二是物体与气流的相对位置关系。

4. 写出不可压缩流体和可压缩流体一维定常流动的连续方程。这两个方程有什么不同?

有什么联系?

答:

(1) 可压缩流体一维定常流动的连续方程为 $\rho V A = \dot{m}$。

不可压缩流体一维定常流动的连续方程为 $V_1 A_1 = V_2 A_2 = C$。

(2) 两个公式都被称为一维定常流动的连续方程,但后者仅适用于不可压缩流体,而前者对于可压缩和不可压缩流体都适用,就是说它也适用于密度随流速变化的流体。

5. 写出气体伯努利方程表达式,说明其物理意义和使用条件。

答:

$p + \dfrac{1}{2}\rho V^2 = C$(常数),其中的 p, ρ, V 是流管中同一截面处的参数,C 是针对同一流管而言的常数。

其物理意义是,低速一维定常流动中同一流管的各处全压相等。

其使用条件是,适用于不可压缩理想流体的一维定常流动。

6. 什么是表速?什么是真速?写出表速和真速的换算公式。

答:

(1) 表速是空速表宽针指示的飞行速度,其指示的刻度是由海平面高度上空气密度 ρ_0 及动压 q 之间的关系计算得出的,即

$$V_{表} = \sqrt{\dfrac{2(p_0 - p)}{\rho_0}}$$

(2) 真速是空速表细针指示的飞行速度,反映飞机的真实飞行速度。

(3) 表速和真速的换算公式为

$$V_{真} = V_{表}\sqrt{\dfrac{\rho_0}{\rho_H}}$$

7. 某型飞机的飞行高度为 10 000 m,飞行马赫数为 2。试用国际标准大气表查出该高度处的大气压强、密度和温度,并求出该高度的飞行速度。

解:

由国际标准大气数值表查得,在 10 000 m 高空的大气参数为

压强 $p = 198.3$ mmHg $= 26\ 437.8$ Pa;

密度 $\rho = 0.412\ 66$ kg/m^3;

温度 $T = 223.15$ K;

声速 $a = 299.463$ m/s。

飞行速度 $V = Ma \cdot a = 2 \times 299.463$ m/s $= 598.926$ m/s $= 2\ 156.134$ km/h。

8. 某飞机在海平面和 11 000 m 高空以 1 150 km/h 速度飞行。问这架飞机在海平面和在 11 000 m 高空的飞行马赫数各为多少?

解:

$V = 1\ 150$ km/h $= 319.444$ m/s。

海平面时对应声速为 340.294 m/s,$Ma = 319.444$ m/s$/340.294$ m/s $= 0.938\ 7$。

高度为 11 000 m 时对应声速为 295.069 m/s，$Ma=319.444$ m/s$/295.069$ m/s$=1.082\,6$。

9. 某飞机在 3 000 m 高度上以 420 km/h 的表速飞行。若突然遇到 5 m/s 的逆风，求流向飞机的瞬时相对气流速度是多少？

解：

已知高度 $H=3\,000$ m，对应 ρ_H 为 0.909 17 kg/m^3。

$$V_{真}=\sqrt{\frac{\rho_0}{\rho_H}}V_{表}=\sqrt{\frac{1.225\ \text{kg/m}^3}{0.909\,17\ \text{kg/m}^3}}\times420\ \text{km/h}=487.4\ \text{km/h}=135.4\ \text{m/s}$$

流向飞机的相对气流速度为

$$V=V_{真}+V'=135.4\ \text{m/s}+5\ \text{m/s}=140.4\ \text{m/s}$$

10. 图 2-3-1 为一翼剖面的流谱，设 $A_1=0.001$ m^2，$A_2=0.000\,5$ m^2，$A_3=0.001\,2$ m^2，$V_1=100$ m/s，$p_1=101\,325$ Pa，$\rho=1.225$ kg/m^3，求 V_2，p_2；V_3，p_3。

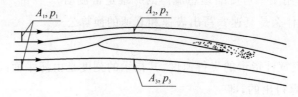

图 2-3-1　翼剖面流谱

解：

已知 $A_1=0.001$ m^2，$A_2=0.000\,5$ m^2，$A_3=0.001\,2$ m^2，$V_1=100$ m/s，$p_1=101\,325$ Pa，$\rho=1.225$ kg/m^3。

由于 $\rho=C$，根据连续方程

$$V_1A_2=V_2A_2=V_3A_3$$

$$V_2=\frac{V_1A_1}{A_2}=\frac{100\times0.001}{0.000\,5}\ \text{m/s}=200\ \text{m/s}$$

$$V_3=\frac{V_1A_1}{A_3}=\frac{100\times0.001}{0.001\,2}\ \text{m/s}=83.3\ \text{m/s}$$

由伯努利方程，可得

$$p_1+\frac{1}{2}\rho V_1^2=p_2+\frac{1}{2}\rho V_2^2=p_3+\frac{1}{2}\rho V_3^2$$

$$p_2=p_1+\frac{1}{2}\rho V_1^2-\frac{1}{2}\rho V_2^2=\left(101\,325+\frac{1}{2}\times1.225\times(100^2-200^2)\right)\ \text{Pa}=82\,950\ \text{Pa}$$

$$p_3=p_1+\frac{1}{2}\rho V_1^2-\frac{1}{2}\rho V_3^2=\left(101\,325+\frac{1}{2}\times1.225\times(100^2-83.3^2)\right)\ \text{Pa}=103\,200\ \text{Pa}$$

11. 某飞机分别以 360 km/h 的速度在海平面和以 468 km/h 的速度在 5 000 m 高度上做水平飞行，全压是否相等？各是多少？

解：

设 $H_1=0$，$V_1=360$ km/h$=100$ m/s；

$H_2 = 5\ 000$ m,$V_2 = 468$ km/h$= 130$ m/s。

由伯努利方程可得

$$p_{01} = p_1 + \frac{1}{2}\rho V_1^2 = \left(101\ 325 + \frac{1}{2} \times 1.225 \times 100^2\right) \text{Pa} = 107\ 450 \text{ Pa}$$

$$p_{02} = p_2 + \frac{1}{2}\rho V_2^2 = \left(54\ 022.3 + \frac{1}{2} \times 0.736\ 09 \times 130^2\right) \text{Pa} = 60\ 242 \text{ Pa}$$

通过以上计算得出全压不相等。

12. 什么是空气的黏性？什么是理想流体？空气为什么具有黏性？

答：

(1) 当空气内部各层存在相对运动时，相邻两个运动速度不同的空气层相互牵扯的特性叫空气的黏性。

(2) 黏性系数等于零的流体称为理想流体。

(3) 空气黏性的物理本质就是由于流速不同的相邻空气层分子进行动量交换而使得空气层之间产生了相互牵扯的作用。

13. 写出牛顿黏性力公式，分析各因素对黏性力是怎样影响的？

答：

(1) 牛顿黏性力公式为

$$F = u \cdot \frac{dV}{dy} \cdot S$$

式中，F——空气的黏性力，N；

dV/dy——相邻两空气层的速度梯度，s^{-1}；

μ——黏性系数，Pa·s，表示单位面积、单位速度梯度所产生的黏性力，其大小与气体性质、温度有关；

S——相邻两空气层的接触面积，m^2。

(2) 空气黏性力的大小取决于三个因素。

① 相邻空气层之间的速度梯度大，表示相邻空气层中的分子动量差别大，空气流动时由于分子热运动引起的动量交换多，相互牵扯的作用力大，因而黏性力就大；反之，速度梯度小，黏性力就小。

② 空气温度高，则空气分子不规则热运动速度大，在相同时间内，相邻空气层之间相互交换的分子多，则动量交换多，表现为黏性系数增大，黏性力增大；反之，空气温度低，黏性系数减小，黏性力也减小。

③ 相邻空气层之间的接触面积大，则发生相互牵扯作用的空气分子多，动量交换多，黏性力大；反之，接触面积小，黏性力也小。

14. 低速边界层是怎样产生的？分析其特性。

答：

以空气流过固体平板为例。由于物体表面不是绝对光滑且空气具有黏性，所以紧贴物体表面的一层空气受到阻滞，空气的流速减小为零。这层流速为零的空气又通过黏性的作用影响与之相邻的上一层空气的流动，使上层空气流速减小。如此一层影响一层，在紧贴物体表面的地方,就出现了流速沿物面法线方向逐渐增大的薄层空气,这一具有黏性的薄层空气就是边界层。

其特性有以下两点。

(1) 空气沿物面流过的路程越远,边界层就越厚。

(2) 边界层内沿物面法线方向各点的压力不变,且等于主流的压力。

15. 层流边界层和湍流边界层各有什么特点? 转捩点的位置与哪些因素有关?

答:

(1) 在层流边界层内,空气分层流动,各层互不混淆,空气微团没有强烈的上下乱动现象;在湍流边界层内,空气微团上下乱动明显,各层之间强烈混合,呈现局部的微小旋涡,速度也出现脉动,空气微团的流动是一种紊乱的流动。

(2) 层流边界层与湍流边界层之间有一个过渡区,通常把它简化地看成一点,称为转捩点。如果来流速度大,原始紊乱程度大,物体表面粗糙,边界层空气便容易产生局部的微小旋涡而由层流变为湍流,这时转捩点会靠前;如果气温高,则黏性系数大,层流边界层流动的稳定性增强,不易转变为湍流,转捩点就靠后。

16. 顺压梯度和逆压梯度是如何形成的? 分别是如何影响主流和边界层气流的?

答:

(1) 空气流过一固体曲面(如机翼上表面)时,从前缘起,主流流管逐渐变细,流速逐渐加快,压力逐渐减小,形成顺压梯度($\partial p/\partial x < 0$)。在顺压梯度区间内,主流向后流动至某一点,流管最细,流速最快,压力最小($\partial p/\partial x = 0$);再往后,流管变粗,流速减慢,压力又逐渐增大,形成逆压梯度($\partial p/\partial x > 0$)。

(2) 在顺压梯度段,边界层底层的空气在顺压的作用下加速,但由于摩擦力的影响,速度增加不多。在逆压梯度段,边界层底层的空气则受到摩擦力和逆压的双重阻碍作用,减速很快,至流到某一点时,非常贴近机翼表面的一层空气流速减小为零。过该点再往后,边界层底层的空气在逆压的作用下开始从后往前倒流。倒流而上的空气与顺流而下的空气相遇,使边界层空气堆积拱起而脱离翼面,并被主流卷走产生大量旋涡。这样,边界层气流不能紧贴翼面流动,发生了边界层分离(也称气流分离)。

17. 画图分析边界层气流是怎样分离的? 气流分离的根本原因是什么?

答:

如图 2-3-2 所示,边界层内的空气在沿机翼表面流动的过程中,其速度一方面受摩擦影响不断减小,另一方面还会受到沿途压力变化的影响。在顺压梯度段,边界层底层的空气在顺压的作用下加速,但由于摩擦力的影响,速度增加不多。在逆压梯度段,边界层底层的空气则受到摩擦力和逆压的双重阻碍作用,减速很快,至流到某一点时(图 2-3-2 中的点 S),非常贴近机翼表面的一层空气流速减小为零,即点 S 的速度梯度($\partial V/\partial y)_{y=0} = 0$。过点 S 再往后,边界层底层的空气在逆压的作用下开始从后往前倒流。倒流而上的空气与顺流而下的空气相遇,使边界层空气堆积拱起而脱离翼面,并被主流卷走产生大量旋涡。这样,边界层气流不能紧贴翼面流动,发生了边界层分离。

逆压梯度和空气的黏性是产生边界层气流分离的根本原因。

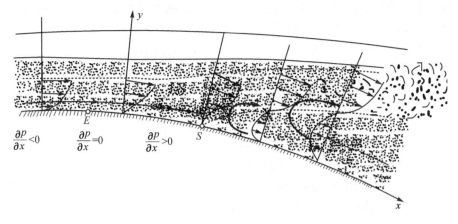

$$\frac{\partial p}{\partial x}<0 \qquad \frac{\partial p}{\partial x}=0 \qquad \frac{\partial p}{\partial x}>0$$

图 2 - 3 - 2　边界层气流分离

18. 判断下列说法是否正确,说明理由并将错误的改正过来。

答:

(1) 转捩点就是分离点,湍流边界层就是涡流区。(×)

原因分析如下。

层流边界层与湍流边界层之间有一个过渡区,通常把它简化地看成一点,称为转捩点;边界层气流开始离开翼面的点 S 称为分离点。

湍流边界层是边界层的一种,其特点是空气微团上下乱动明显,各层之间强烈混合,呈现局部的微小旋涡,速度也出现脉动,空气微团的流动是一种紊乱的流动;在逆压梯度和空气黏性的共同作用下,边界层气流脱离物面,并被主流卷走产生大量旋涡,形成涡流区。

(2) 定常流动中,两条流线不会相交,非定常流动中,两条流线能相交。(×)

原因分析如下。

定常流动和非定常流动中,两条流线都不会相交。

(3) 相对气流方向始终同物体运动方向相反,大小与物体运动的速度大小相等。(√)

2.4　章节自测

2.4.1　单选题

1. 在大气层内,大气密度(　　)。

A. 在同温层内随高度增加保持不变　　　　　　B. 随高度增加而增加

C. 随高度增加而减小　　　　　　D. 随高度增加可能增加,也可能减小

2. 在大气层内,大气压强(　　)。

A. 随高度增加而增加　　　　　　B. 随高度增加而减小

C. 在同温层内随高度增加保持不变　　　　D. 随高度增加可能增加,也可能减小

3. 空气的密度(　　)。

A. 与压力成正比　　　　　　　　　　　　B. 与压力成反比

C. 与压力无关　　　　　　　　　　　　　D. 与温度成正比

4. 对于空气密度如下说法正确的是(　　)。

A. 空气密度正比于压力和绝对温度

B. 空气密度正比于压力,反比于绝对温度

C. 空气密度反比于压力,正比于绝对温度

D. 空气密度反比于压力和绝对温度

5. 从地球表面到外层空间,大气层依次是(　　)。

A. 对流层、平流层、中间层、电离层和散逸层

B. 对流层、平流层、电离层、中间层和散逸层

C. 对流层、中间层、平流层、电离层和散逸层

D. 对流层、平流层、中间层、散逸层和电离层

6. 在地球中纬度地区,对流层的高度约为(　　)。

A. 8 km　　　　　　B. 16 km　　　　　　C. 10 km　　　　　　D. 11 km

7. 下列的叙述属于对流层特点的是(　　)。

A. 空气中几乎没有水蒸气　　　　　　　B. 空气没有上下对流

C. 高度升高,气温下降　　　　　　　　　D. 空气中的风向风速不变

8. 利用风可以得到飞机气动参数,其基本依据是(　　)。

A. 连续性假设　　　B. 相对性原理　　　C. 牛顿定理　　　D. 热力学定律

9. 对飞机飞行安全性影响最大的阵风是(　　)。

A. 上下垂直于飞行方向的阵风　　　　　B. 左右垂直于飞行方向的阵风

C. 沿着飞行方向的阵风逆着　　　　　　D. 飞行方向的阵风

10. 非定常流的特点是(　　)。

A. 流场中各点的空气状态参数相同

B. 流场中各点的空气状态参数随时间变化

C. 流场中各点的空气状态参数不随时间变化

D. 流场中空气状态参数与位置无关

11. 当不可压气流连续流过一个阶梯管道时,已知其截面积 $A_1 = 3A_2$,则其流速为(　　)。

A. $V_1 = 9V_2$　　　　　B. $V_2 = 9V_1$　　　　　C. $V_2 = 3V_1$　　　　　D. $V_1 = 3V_2$

12. 当空气在管道中低速流动时,由伯努利定理可知(　　)。

A. 流速大的地方,静压大　　　　　　　B. 流速大的地方,静压小

C. 流速大的地方,总压大　　　　　　　D. 流速大的地方,总压小

13. 计算动压时需要的数据包括(　　)。

A. 大气压力和速度　　　　　　　　　　B. 空气密度和阻力

C. 空气密度和速度　　　　　　　　　　D. 空气密度和大气压

14. 流管中空气的动压（　　　）。

A. 仅与空气速度平方成正比　　　　　　B. 仅与空气密度成正比

C. 与空气速度和空气密度成正比　　　　D. 与空气速度平方和空气密度成正比

15. 流体的连续方程（　　　）。

A. 只适用于理想流动

B. 适用于可压缩和不可压缩流体的稳定管流

C. 只适用于不可压缩流体的稳定管流

D. 只适用于可压缩流体的稳定管流

16. 下列叙述中与伯努利定理无关的是（　　　）。

A. 流体流速大的地方压力小，流速小的地方压力大

B. 气流稳定流过一条流管时，气流的总能量是不变的

C. 气流沿流管稳定流动过程中，气流的动压和静压之和等于常数

D. 气流低速流动时，流速与流管横截面积成正比

17. 下列叙述错误的是（　　　）。

A. 伯努利定理的物理实质是能量守恒定律在空气流动过程中的应用

B. 物体表面一层气流流速从零增加到迎面气流流速的流动空气层称为边界层

C. 空气黏性的物理实质不是空气分子做无规则运动的结果

D. 气流低速流动时，在同一流管的任一切面上，流速和流管的横切面积始终成反比

18. 气体的连续性定理是（　　　）在空气流动过程中的应用。

A. 能量守恒定律　　　B. 牛顿第一定律　　　C. 质量守恒定律　　　D. 牛顿第二定律

19. 气体的伯努利定理是（　　　）在空气流动过程中的应用。

A. 能量守恒定律　　　B. 牛顿第一定律　　　C. 质量守恒定律　　　D. 牛顿第二定律

20. 流体在管道中稳定低速流动时，如果管道由粗变细，则流体的流速（　　　）。

A. 增大　　　　　　　　　　　　　　　B. 减小

C. 保持不变　　　　　　　　　　　　　D. 可能增大，也可能减小

21. 亚声速气流流过收缩管道，其气流参数的变化是（　　　）。

A. 流速增加，压强增大　　　　　　　　B. 速度降低，压强下降

C. 流速增加，压强下　　　　　　　　　D. 速度降低，压强增大

22. 伯努利方程的适用条件是（　　　）。

A. 只要是理想的不可压缩流体

B. 只要是理想的与外界无能量交换的流体

C. 只要是不可压缩，且与外界无能量交换的流体

D. 必须是理想的、不可压缩的且与外界无能量变换的流体

23. 当不可压气流连续流过一个阶梯管道时，已知其截面积 $A_1 = 2A_2 = 4A_3$，则其静压为（　　　）。

A. $p_1 = p_2 = p_3$　　　B. $p_1 > p_2 > p_3$　　　C. $p_1 < p_2 < p_3$　　　D. $p_1 > p_3 > p_2$

24. 对低速气流，由伯努利方程可以得出（　　　）。

A. 流管内气流速度增加,空气静压也增加　　　B. 流管截面积减小,空气静压增加

C. 流管内气流速度增加,空气静压减小　　　　D. 不能确定

25. 对于任何速度的气流,连续方程是(　　　)。

A. 流过各截面的气流速度与截面积乘积不变

B. 流过各截面的体积流量相同

C. 流过各截面的质量流量相同

D. 流过各截面的气体密度相同

26. 流体在管道中以稳定的速度流动时,如果管道由粗变细,则流体的流速(　　　)。

A. 增大　　　　　　　　　　　　　　　　B. 减小

C. 保持不变　　　　　　　　　　　　　　D. 可能增大,也可能减小

27. 当空气在管道中流动时,由伯努利定理可知(　　　)。

A. 凡是流速大的地方,压强就大　　　　　　B. 凡是流速小的地方,压强就小

C. 凡是流速大的地方,压强就小　　　　　　D. 压强与流速无关

28. 关于动压和静压的方向,以下正确的是(　　　)。

A. 动压和静压的方向都是与运动的方向一致

B. 动压和静压都作用在任意方向

C. 动压作用在流体的流动方向,静压作用在任意方向

D. 静压作用在流体的流动方向,动压作用在任意方向

29. 流体的伯努利定理(　　　)。

A. 适用于不可压缩的理想流体　　　　　　B. 适用于黏性的理想流体

C. 适用于不可压缩的黏性流体　　　　　　D. 适用于可压缩和不可压缩流体

30. 空气流过一粗细不等的管子时(低速流动),在管道变粗处,气流速度将(　　　)。

A. 变大　　　　　　B. 变小　　　　　　C. 不变　　　　　　D. 不一定

31. 根据伯努利定律,同一管道中,气流速度减小的地方,压强将(　　　)。

A. 增大　　　　　　B. 减小　　　　　　C. 不变　　　　　　D. 不一定

32. 气流沿机翼表面边界层类型的变化是(　　　)。

A. 可由湍流变为层流　　　　　　　　　　B. 可由层流变为湍流

C. 一般不发生变化　　　　　　　　　　　D. 湍流、层流可交替变化

33. 在机翼表面的边界层沿气流方向(　　　)。

A. 厚度基本不变　　　　　　　　　　　　B. 厚度越来越薄

C. 厚度越来越厚　　　　　　　　　　　　D. 厚度变化不定

34. 在机翼表面,边界层由层流状态转变为湍流状态的转捩点位置(　　　)。

A. 将随着飞行速度的提高而后移　　　　　B. 将随着飞行速度的提高而前移

C. 在飞行马赫数小于一定值时保持不变　　D. 与飞行速度没有关系

2.4.2　多选题

35. 对起飞降落安全性造成不利影响的是(　　)。

A. 低空风切变　　　　　　　　　　　　B. 稳定的逆风场

C. 垂直于跑道的飓风　　　　　　　　　D. 稳定的上升气流

36. 现代民航客机一般巡航的大气层是(　　)。

A. 对流层顶层　　　　　　　　　　　　B. 平流层顶层

C. 对流层底层　　　　　　　　　　　　D. 平流层底层

37. 伯努利方程适用于(　　)。

A. 低速气流　　　　　　　　　　　　　B. 高速气流

C. 适用于各种速度的气流　　　　　　　D. 不可压缩流体

38. 关于动压的说法以下正确的是(　　)。

A. 总压与静压之和　　　　　　　　　　B. 总压与静压之差

C. 动压和速度的平方成正比　　　　　　D. 动压和速度成正比

39. 影响空气黏性力的主要因素(　　)。

A. 空气清洁度　　　B. 速度梯度　　　　C. 空气温度　　　　D. 相对湿度

40. 关于边界层下列说法中正确的是(　　)。

A. 层流边界层的厚度小于湍流边界层的厚度

B. 气流杂乱无章,各层气流相互混淆称为层流边界层

C. 边界层的气流各层不相混杂而成层流动,称为层流边界层

D. 层流边界层的流动能量小于湍流边界层的流动能量

41. 气流沿机翼表面流动,影响由层流变为湍流的因素是(　　)。

A. 空气的流速　　　　　　　　　　　　B. 在翼表面流动长度

C. 空气温度　　　　　　　　　　　　　D. 空气密度

42. 下列关于边界层的说法,正确的是(　　)。

A. 边界层的厚度顺着气流方向是逐渐加厚的

B. 边界层内的流速,在物体的表面流速为零,沿法线向外,流速逐渐增大

C. 边界层就是一层薄薄的空气层

D. 边界层内的流速保持不变

43. 在机翼表面,边界层由层流状态转变为湍流状态的转捩点位置(　　)。

A. 与空气的温度有关　　　　　　　　　B. 与机翼表面的光滑程度有关

C. 与飞机飞行速度的大小有关　　　　　D. 与机翼迎角的大小有关

44. 亚声速空气流速增加可产生的效果包括(　　)。

A. 由层流变为湍流的转捩点后移　　　　B. 气流分离点后移

C. 阻力增加　　　　　　　　　　　　　D. 升力增加

2.5　章节自测参考答案

1. C	2. B	3. A	4. B	5. A	6. D
7. C	8. B	9. A	10. B	11. C	12. B
13. C	14. D	15. B	16. D	17. C	18. C
19. A	20. A	21. C	22. D	23. B	24. C
25. C	26. D	27. C	28. C	29. A	30. B
31. A	32. B	33. C	34. B	35. AC	36. AD
37. AD	38. BC	39. BC	40. ACD	41. ABCD	42. ABC
43. ABCD	44. BCD				

第 3 章　飞机的低速空气动力特性

3.1　知识要点

本章主要分析低速飞行时,飞机升力、阻力及侧力的产生原因和变化规律,增升装置和地面效应等。通过本章学习,学生能够说出迎角、零升迎角、临界迎角、最大升力系数、升阻比、飞机极线的定义;能够阐述飞机升力、阻力、侧力是如何产生的,以及地面效应对飞机空气动力的影响,会绘制典型飞机的升力系数曲线、阻力系数曲线、侧力系数曲线、升阻比曲线和极曲线,并能够分析它们的变化规律;能够归纳总结典型飞机在低速飞行时的阻力组成以及后缘襟翼的类型和增升原理。

3.1.1　基本概念

1. 飞机的空气动力特性

飞机的空气动力特性是指飞机空气动力的产生、分布和随飞机迎角、Ma 等的变化规律。

2. 翼　型

飞机的机翼被平行于飞机对称面的平面所截时得到的剖面形状。

3. 中弧线

翼型上下表面内切圆圆心的连线。

4. 前　缘

翼型的最前端点。

5. 后　缘

翼型的最后端点。

6. 弦　长

连接前缘与后缘的直线称为弦线,其长度称为弦长(b)。

7. 相对弯度

翼型中弧线与弦线之间的距离称为弯度(f)。最大弯度(f_{max})与弦长的比值,称为相对弯度。

8. 最大弯度位置

翼型最大弯度所在位置到前缘的距离(x_f)称为最大弯度位置,通常以其与弦长的比值来表示,即$\bar{x}_f = (x_f / b) \times 100\%$。

9. 相对厚度

垂直于弦线的直线与上下翼面的两个交点间的距离称为翼型厚度,记为c。翼型最大厚度(c_{max})与弦长的比值称为翼型的相对厚度,即$\bar{c} = (c_{max}/b) \times 100\%$。

10. 最大厚度位置

翼型最大厚度所在位置到前缘的距离x_c称为最大厚度位置,通常以其与弦线的比值来表示,即$\bar{x}_c = (x_c/b) \times 100\%$。

11. 前缘半径

翼型前部最小内切圆的半径。

12. 后缘角

翼型后缘处上下两弧线切线的夹角。

13. 机翼面积

在襟翼、缝翼全收时,机翼在过机体纵轴垂直于飞机对称面的xOz平面上的投影面积。

14. 展　长

机翼左右翼端(翼尖)之间的距离。

15. 展弦比

展长与平均几何弦长(b_{av})之比。

16. 根尖比

翼根弦长(b_r)与翼尖弦长(b_t)的比值。

17. 后掠角

机翼上有代表性的等百分弦线(如前缘线、1/4弦线、后缘线等)在xOz平面上的投影与

Oz 轴之间的夹角。

18. 迎　角

翼型弦线与相对气流方向之间的夹角，用 α 表示。

19. 压力中心

飞机的空气动力合力作用点。

20. 剩余压力

某点处的气流静压与大气压力之差。

21. 压力系数

剩余压力与远前方气流动压的比值。

22. 零升迎角

升力系数为零时对应的迎角。

23. 临界迎角

最大升力系数对应的迎角。

24. 抖动迎角

飞机发生抖动时对应的迎角。

25. 摩擦阻力

气流与飞机表面发生摩擦时形成的阻力。

26. 压差阻力

飞行中由于飞机前后压力差的存在而形成的阻力。

27. 诱导阻力

机翼尾涡诱升的阻力。

28. 型阻或废阻力

摩擦阻力和压差阻力之和。它是二维翼（翼型）低速情况下的总阻力。

29. 下洗速度

由于翼尖涡的作用，在机翼范围内，诱导出一个向下的速度。

30．下洗流

沿着相对气流速度和下洗速度的合速度方向流动，并向下倾斜的气流。

31．下洗角

下洗流向下倾斜的角度。

32．零升阻力系数

升力系数为零时的阻力系数。

33．侧 滑

相对气流方向与飞机对称面不平行的飞行，称为侧滑。相对气流从飞机对称面的左侧前方吹来，称为左侧滑，相对气流从飞机对称面的右侧前方吹来，称为右侧滑。

34．侧滑角

相对气流方向同飞机对称面之间的夹角，称为侧滑角（β）。一般规定右侧滑角为正，左侧滑角为负。

35．升阻比

同一迎角下，升力与阻力的比值。

36．有利迎角

升阻比最大时对应的迎角。

37．性质角

总空气动力相对于升力向后倾斜的角度。性质角小，说明升力大，阻力小，升阻比大；反之，性质角大，说明升力小，阻力大，升阻比小。

38．地面效应

飞机在起飞、着陆或贴近地面飞行时，由于流经飞机的气流受到地面的影响，致使飞机空气动力发生变化的现象。

3.1.2　基本理论和基本方程

1．翼型及其几何参数

常用的翼型有弯度较大且厚度较小的早期翼型、平凸翼型、双凸翼型、对称翼型、超临界翼型、双弧形翼型和菱形翼型等。其形状特点一般用弦长、相对厚度、最大厚度位置、相对弯度、最大弯度位置、前缘半径和后缘角等几何参数来表示。

2. 机翼的平面形状及其参数

常见的机翼平面形状有矩形翼、椭圆翼、梯形翼、后掠翼、三角翼、双三角翼、S 形前缘翼、边条翼、变后掠翼、前掠翼等。其形状特点一般用机翼面积、展长、展弦比、根尖比、后掠角等几何参数来描述。

3. 升力的产生

当空气流过机翼时,机翼上下表面会产生压强差。这个压强差在垂直于相对气流方向上的总和就是机翼的升力,机翼升力的作用点称为机翼的压力中心。为便于研究飞机运动方向的保持和变化,规定升力的方向与相对气流方向垂直,且指向座舱上方为正。一般情况下,由于飞机左右对称,所以升力位于飞机对称面内。

根据机翼表面压强分布可以看出以下几点。

① 机翼的升力大部分靠上表面的压力减小(吸力)获得,小部分靠下表面的压力增大(正压力)获得。由上表面吸力所形成的升力一般占总升力的 60%～80%,而由下表面正压力所形成的升力只占总升力的 20%～40%。气流以小迎角流过双凸翼时下表面产生的也是吸力,此时下翼面不仅不产生升力,还起到减小升力的作用,此时机翼的升力全靠上翼面的吸力获得。

② 机翼上表面前半部产生的吸力大,后半部产生的吸力小,所以机翼上表面前半部对升力的产生贡献最大。

实际上,飞行中飞机的机身、尾翼也产生部分升力。

飞机升力的大小可以用升力公式进行计算。其中,升力系数综合表达了迎角、翼型等因素对升力的影响。对同一机型飞机来说,翼型不变时,低速飞行时升力系数的大小只随迎角变化。具体机型飞机的升力系数一般通过实验确定。

4. 阻力的产生

与升力的产生类似,机翼上下表面压强差在平行于相对气流方向上的总和就是阻力。阻力是阻碍飞机前进的空气动力。按飞机低速飞行时阻力的产生原因可以分为摩擦阻力、压差阻力和诱导阻力。

同升力一样,飞行中飞机的机身、尾翼也产生部分阻力。

飞机阻力的大小可以通过阻力公式进行计算。其中,阻力系数表达了迎角、飞机形状(含机翼形状、机身形状、尾翼形状、外挂物形状及组合情况)和飞机表面光滑程度等因素对阻力的影响。对同一机型飞机来说,飞机的形状一般是不变的,所以低速飞行时,飞机的阻力系数主要由迎角决定。

5. 侧力的产生

侧力是在飞机出现侧滑时产生的一种空气动力。当相对气流以一定的侧滑角流过垂尾时,在机身和垂尾左右两边出现了压力差;压力差在垂直于相对气流方向的总和就是飞机的侧力。侧力的方向与飞机升力的方向和阻力的方向垂直。在左侧滑中,侧力指向对称面的右侧;在右侧滑中,侧力指向对称面的左侧。向右的侧力为正,向左的侧力为负。

飞机的侧力主要由机身和垂尾产生。机身产生的侧力与机身剖面面积成正比,垂尾产生的侧力与垂尾面积成正比。

飞机侧力的大小可用侧力公式计算。其中,侧力系数综合表达了侧滑角、机身和垂尾形状等因素对侧力的影响,其大小取决于侧滑角的大小及机身、垂尾形状等,因此,同一机型飞机,机身和垂尾形状一般不变,所以低速飞行时,侧力系数主要取决于侧滑角。

3.1.3 常用公式

1. 压力系数

$$\bar{p} = \frac{p - p_\infty}{q_\infty} = \frac{\Delta p}{\frac{1}{2}\rho_\infty V_\infty^2} \tag{3-1-1}$$

$$\bar{p} = 1 - \frac{V^2}{V_\infty^2} \tag{3-1-2}$$

$$\bar{p} = 1 - \frac{A_\infty^2}{A^2} \tag{3-1-3}$$

式中,$\bar{p}$——压力系数;

p——翼面某点的气流静压;

p_∞——机翼远前方空气静压(大气压);

Δp——翼面某点的气流静压与大气压之差;

V——翼面某点的局部流速;

V_∞——远前方来流速度;

ρ——机翼远前方处的空气密度;

q_∞——机翼远前方处的空气动压;

$\dfrac{A_\infty}{A}$——两条流线在机翼远前方和机翼上某点处的横截面积比值。

2. 升力公式

$$Y = C_y \cdot \frac{1}{2}\rho_\infty V_\infty^2 \cdot S \tag{3-1-4}$$

式中,C_y——升力系数,综合表达了迎角、翼型等因素对升力的影响;

Y——升力;

S——机翼面积。

$$C_y = C_y^\alpha(\alpha - \alpha_0) \tag{3-1-5}$$

式中, C_y^a——升力系数曲线斜率;

　　α——迎角;

　　α_0——零升迎角。

3. 阻力公式

$$X = C_x \cdot \frac{1}{2}\rho_\infty V_\infty^2 \cdot S \tag{3-1-6}$$

式中, X——阻力;

　　C_x——阻力系数,它综合表达了迎角、飞机形状(含机翼形状、机身形状、尾翼形状、外挂物形状及组合情况)和飞机表面光滑程度等因素对阻力的影响。

　　飞机的摩擦阻力与压差阻力之和又称废阻力,因此,飞机的阻力系数可写为

$$C_x = C_{xp} + C_{xi} \tag{3-1-7}$$

式中, C_{xp}——废阻力系数;

　　C_{xi}——诱导阻力系数。

　　在中小迎角下,飞机的阻力系数也常写成如下形式,即

$$C_x = C_{x0} + C_{xi} \tag{3-1-8}$$

式中, C_{x0}——零升阻力系数,是升力系数为零时的阻力系数。

4. 侧力公式

$$Z = C_z \cdot \frac{1}{2}\rho V^2 \cdot S \tag{3-1-9}$$

式中, Z——侧力;

　　C_z——侧力系数,它同升力系数、阻力系数一样,也是由实验求出的无因次数值。

5. 升阻比公式

$$K = \frac{Y}{X} = \frac{C_y \frac{1}{2}\rho V^2 S}{C_x \frac{1}{2}\rho V^2 S} = \frac{C_y}{C_x} \tag{3-1-10}$$

当 $K = K_{max}$ 时,有

$$C_{x0} = AC_y^2 = C_{xi} \tag{3-1-11}$$

3.1.4　常见问题

1. 注意翼型(或机翼)迎角与飞机迎角、飞机仰角的区别

　　翼型(或机翼)的迎角是指相对气流与翼弦(或几何平均弦)之间的夹角,飞机的迎角是指相对气流速度与飞机纵轴之间的夹角,飞机的仰角是指机体纵轴与水平面之间的夹角。

2. 相对气流

飞机在飞行中受到的空气动力与相对气流密切相关。在实际飞行中,一方面,大气并不是平稳的,风速的方向和大小一直在变化;另一方面,飞机的姿态和轨迹也在发生变化。因此,在分析飞机所受到的空气动力时,要考虑风和飞行轨迹等对相对气流的影响,一定要准确确定相对气流的方向和大小。

3. 升力的方向

升力的方向与相对气流方向垂直,且指向座舱上方为正。升力的方向并不与飞机纵轴垂直。

3.2　典型题目解析

某飞机机翼面积为 23 m², 零升阻力系数为 0.016, 在海平面利用有利迎角作平飞时的速度为 320 km/h, 升阻比为 12, 求该飞机的质量(海平面的空气密度为 1.225 kg/m³)。

解:

由题意已知,平飞时,升力等于重力,即

$$Y = G = mg$$

同时是利用有利迎角飞行的,阻力系数是零升阻力系数的 2 倍,即

$$C_x = 2C_{x0} = 0.016 \times 2 = 0.032$$

又由于升阻比

$$K = \frac{Y}{X} = \frac{C_y}{C_x} = 12$$

所以

$$C_y = 0.384$$

根据升力公式,有

$$Y = C_y \frac{1}{2} \rho V_\infty^2 S$$

$$= \left(0.384 \times 0.5 \times 1.225 \times \left(\frac{320 \times 10^3}{3\ 600} \right)^2 \times 23 \right) \text{ N}$$

$$= 42\ 742.52 \text{ N}$$

根据飞机平飞时的受力关系,飞机质量为

$$m = \frac{G}{g} = \frac{Y}{g} = \frac{42\ 742.52}{9.8} \text{ kg} = 4\ 361.48 \text{ kg}$$

注:分析计算实际问题时,一定要注意审题,要从题目中挖掘有用的信息。本题中,飞机的飞行状态是平飞,可得出此时飞机的升力应该与重力平衡,即升力的大小等于重力;飞机以有

利迎角飞行,可联系到此时飞机的阻力是零升阻力的 2 倍这个知识点。另外,还要注重各个公式之间的联系。本题中,升力(或升力系数)和阻力(或阻力系数)可以通过升阻比联系起来;升力和飞机质量可以通过受力关系联系起来。

3.3　思考题详解

1. 名词解释。

(1) 迎角;(2) 剩余压力;(3) 正压力;(4) 吸力;(5) 压力系数;(6) 摩擦阻力;(7) 压差阻力;(8) 诱导阻力;(9) 零升阻力系数;(10) 诱导阻力因子;(11) 侧滑;(12) 侧滑角;(13) 翼根效应;(14) 翼尖效应;(15) 升阻比;(16) 总空气动力;(17) 有利迎角;(18) 飞机极曲线。

答:

(1) 迎角:迎角是指翼弦与相对气流方向之间的夹角,用 α 表示。

(2) 剩余压力:静压与大气压力之差,其大小为

$$\Delta p = p - p_\infty = -\gamma_{液} \Delta h$$

式中,p——翼面某点的气流静压;

p_∞——机翼远前方空气静压(大气压);

$\gamma_{液}$——所用液体的重度,$\mathrm{N/m^3}$;

Δh——液柱与 0—0 线的高度差。

(3) 正压力:气压计管路内液柱液面低于 0—0 线时,说明机翼表面所测点的压力大于大气压力,即 Δp 为正值,称为正压力。

(4) 吸力:气压计管路内液柱液面高于 0—0 线时,说明机翼表面所测点的压力小于大气压力,即 Δp 为负值,称为吸力。

(5) 压力系数:剩余压力与远前方气流动压的比值,即

$$\bar{p} = \frac{p - p_\infty}{q_\infty} = \frac{\Delta p}{\frac{1}{2}\rho_\infty V_\infty^2}$$

(6) 摩擦阻力:气流与飞机表面发生摩擦形成的阻力。

(7) 压差阻力:飞行中由于飞机前后压力差的存在而形成的阻力。

(8) 诱导阻力:有限翼展的三维机翼产生正升力时,会在左右翼尖产生翼尖涡,使得流过机翼的空气沿着相对气流速度方向向下倾斜,导致实际升力向后倾斜了一个角度(下洗角),其相对气流方向平行的分力与飞行速度方向相反,起阻力作用,该阻力称为诱导阻力。

(9) 零升阻力系数:升力系数为零时的阻力系数。

(10) 诱导阻力因子:诱导阻力因子 $A = \dfrac{1+\delta}{\pi\lambda}$($\delta$ 为非椭圆翼诱导阻力系数的修正系数,其大小与机翼平面形状有关;λ 为展弦比)。

(11) 侧滑:相对气流方向与飞机对称面不平行的飞行。

（12）侧滑角：相对气流方向同飞机对称面之间的夹角。

（13）翼根效应：在低速条件下，后掠翼翼根上表面前段流管变粗，吸力减小；后段流管变细，吸力增大；与此同时，最低压力点位置向后移动，这种现象称为翼根效应。

（14）翼尖效应：在低速条件下，后掠翼翼尖上表面前段流管收缩变细；在后段流管扩张变粗，吸力减小；与此同时，因流管最细的位置前移，故最低压力点向前移动，这种现象称为翼尖效应。

（15）升阻比：同一迎角下升力与阻力的比值。

（16）总空气动力：飞机升力和阻力的合力。

（17）有利迎角：升阻比最大时对应的迎角。

（18）飞机极曲线：以阻力系数为横坐标，升力系数为纵坐标，迎角为参变量，把升力系数和阻力系数随迎角变化的规律用一条曲线表示出来，这条曲线称为飞机极曲线。

2. 机翼翼型主要有哪几种？表征翼型形状特点的几何参数有哪几个？分别说明其含义。

答：

机翼翼型主要种类有对称翼型、平凸翼型、双凸翼型、对称翼型、双弧形翼型、菱形翼型。表征翼型形状特点的几何参数及其含义如下。

（1）弦长（b）：翼型上下表面内切圆圆心连线称为中弧线。

（2）相对弯度（$\bar{f}$）：翼型中弧线与翼弦之间的距离称为弯度（f）。最大弯度（f_{max}）与弦长的比值，称为相对弯度，即 $\bar{f}=(f_{max}/b)\times100\%$。

（3）最大弯度位置（$\bar{x}_f$）：翼型最大弯度所在位置到前缘的距离（x_f）称为最大弯度位置，通常以其与弦长的比值来表示，即 $\bar{x}_f=(x_f/b)\times100\%$。

（4）相对厚度（$\bar{c}$）：垂直于翼弦的直线与上下翼面的两个交点间的距离称为翼型厚度，记为 c。翼型最大厚度（c_{max}）与弦长的比值称为翼型的相对厚度，即 $\bar{c}=(c_{max}/b)\times100\%$。

（5）最大厚度位置（$\bar{x}_c$）：翼型最大厚度所在位置到前缘的距离 x_c 称为最大厚度位置，通常以其与翼弦的比值来表示，即 $\bar{x}_c=(x_c/b)\times100\%$。

（6）前缘半径（r）：翼型前缘处的曲率半径。

（7）后缘角（τ）：翼型上下表面围线在后缘处切线间的夹角。

3. 机翼的平面形状主要有哪几种？表征机翼平面形状特点的几何参数有哪几个？分别说明其含义。

答：

机翼的基本平面形状有矩形翼、椭圆翼、梯形翼、后掠翼、三角翼等。从 20 世纪 50 年代起，又陆续出现了由基本平面形状改型或组合而成的复合型机翼，如双三角翼、S 形前缘翼、边条翼、变后掠翼、前掠翼等。表征机翼平面形状特点的几何参数及其含义如下。

（1）机翼面积（S）：在襟翼、缝翼全收时，机翼在过机体纵轴垂直于飞机对称面的 xOz 平面上的投影面积称为机翼面积。一般地，对于实际飞机，机翼面积包括两翼根之间的那部分机身所占的面积。

（2）展长（L）：机翼左右翼端（翼尖）之间的距离。

（3）展弦比（λ）：展长与平均几何弦长（b_{av}）之比。

（4）根尖比（η）：翼根弦长（b_r）与翼尖弦长（b_t）之比，即 $\eta = b_r/b_t$。

（5）后掠角（χ）：后掠角是指机翼上有代表性的等百分弦线（如前缘线、1/4 弦线、后缘线等）在 xOz 平面上的投影与 Oz 轴之间的夹角。

4．迎角的正、负是怎样规定的？它是怎样影响流谱的？

答：

（1）迎角是指翼弦与相对气流方向之间的夹角，用 α 表示。将表示相对气流速度的矢量平移至前缘处，使矢量末端与前缘重合，如矢量在翼弦所在直线的下方（与机翼下表面在同一侧）时，迎角为正；反之，矢量在翼弦所在直线的上方（与机翼上表面在同一侧）时，迎角为负，而相对气流方向与翼弦平行时，迎角为零。

（2）大迎角时，机翼上表面前半部流管更细，下表面前半部流管更粗，边界层的分离点更靠前，后缘涡流区扩大。

5．以双凸翼型为例，根据翼型的流谱画图分析机翼升力的产生。升力的方向是怎样规定的？

答：

（1）如图 3 - 3 - 1 所示，空气流过机翼前缘后分成上下两股，分别沿机翼上下表面流过。由于是正迎角，上表面又向外凸出得较多，所以机翼上表面的流线弯曲程度大，流管变细，流速加快，压力减小；下表面的流管变粗，流速减慢，压力增大。于是，机翼上下表面出现压力差。上下表面压力差在垂直于相对气流方向上的总和就是机翼的升力（Y_w）。

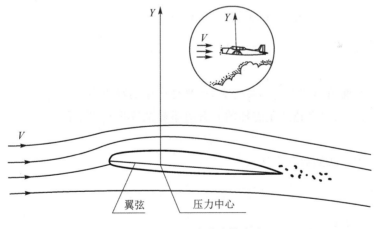

图 3 - 3 - 1　机翼升力的产生

（2）规定升力的方向为与相对气流方向垂直，指向座舱上方为正。

6．分别用矢量表示法和坐标表示法画出翼型压力系数分布示意图。从图上可以看出什么？

答：

用矢量表示法画出的翼型压力系数分布示意图，如图 3 - 3 - 2 所示。

用坐标表示法画出的翼型压力系数分布示意图，如图 3 - 3 - 3 所示。

从翼型压力系数分布示意图可以看出：

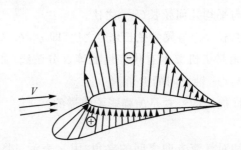

图 3 - 3 - 2　矢量法表示的翼型压力系数分布

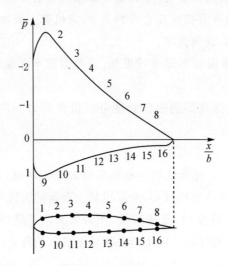

图 3 - 3 - 3　坐标法表示的翼型压力系数分布

（1）机翼的升力大部分靠上表面的压力减小（吸力）获得，小部分靠下表面的压力增大（正压力）获得；

（2）机翼上表面前半部产生的吸力大，后半部产生的吸力小。

7．升力公式的数学表达式是怎样的？升力系数的物理意义是什么？

答：

（1）飞机升力公式的数学表达式为

$$Y = C_y \cdot \frac{1}{2}\rho_\infty V_\infty^2 \cdot S$$

式中，C_y——升力系数；

　　S——机翼面积。

（2）升力系数的物理意义。

升力系数 C_y 是机翼沿展向各剖面升力系数的平均值。因此，C_y 综合表达了迎角、翼型等因素对升力的影响。

8．影响升力大小的因素有哪些？各因素又是怎样影响升力的？

答：

（1）影响升力的因素有迎角、翼型、机翼面积和相对气流动压等。

（2）由升力公式知,机翼面积和相对气流动压增大则升力增大。下面分析迎角和翼型对升力的影响。

1）迎角对升力的影响。

① 在中、小迎角范围内,涡流区只占上翼面后部很小一段,对翼面压强分布影响很小。随着迎角增大,上翼面流线更弯,流管收缩得更细,流速更快、压强更低、吸力更大,且吸力峰顶向前缘靠近;与此同时,下翼面气流更加受阻,流管更粗、流速更小、压强更高、正压力更大。使得翼型升力系数随迎角呈线性增长,压力中心位置随迎角的增大向前移动。

② 在较大迎角下,随迎角增大,翼型上表面最低压力点处的压强进一步降低,边界层的逆压梯度增大,导致分离点前移,涡流区扩大,影响到整个翼型的压力分布。除前缘附近上翼面的吸力仍增长较快外,上翼面大部分翼段的吸力和下翼面的正压力的增长缓慢。翼型升力系数虽仍随迎角增大而增大,但已呈非线性关系,增长趋势渐渐减缓。压力中心位置随迎角增大而缓缓前移。

③ 迎角增大到某一迎角,升力系数达到最大,此时的迎角称为临界迎角(α_{cr})。

④ 迎角超过临界迎角以后,由于分离点很快前移,涡流区迅速扩大,使上表面的主流不能紧贴机翼表面流动,流线变得平直,中前部流管变粗,流速减慢,造成上表面前缘至中央部位的吸力峰大幅度减小,在涡流区所在的一段上翼面,吸力稍有增加,但补偿不了前段吸力的丧失。另外,虽然下翼面前半部的流管随迎角增大仍进一步变粗,流速继续减慢,正压力稍有增大,但由于机翼升力主要靠上表面吸力产生,上表面吸力大幅度减小会致使升力系数减小,同时会使压力中心位置向后移动。此时飞机将进入失速状态,即迎角超过临界迎角后,因机翼表面强烈的气流分离,导致升力突然下降,阻力急剧增大,不能保持正常飞行的状态。

2）翼型对升力的影响。

在相对厚度、迎角相同的情况下,平凸翼型上表面流管最细,双凸翼型次之,对称翼型最粗;下表面的流管,平凸翼型最粗,双凸翼型次之,对称翼型最细。这是由于平凸翼型相对弯度最大,双凸翼型次之,对称翼型为零。流谱不同说明压力分布也不同。上表面的压力系数,平凸翼型最小,双凸翼型次之,对称翼型最大;下表面的压力系数,平凸翼型最大,双凸翼型次之,对称翼型最小。所以,平凸翼型升力系数最大,双凸翼型次之,对称翼型最小。在其他因素不变时,升力系数最大的平凸翼型机翼升力也最大,升力系数最小的对称翼型机翼升力也最小。

9. 画出升力系数曲线示意图。如何在曲线上查找 α_0,α_{cr},$C_{y,max}$?

答:

（1）以迎角为横坐标,升力系数为纵坐标,可以画出该机型飞机升力系数随迎角变化的曲线(见图 3 - 3 - 4)。

（2）升力系数为零时对应的迎角叫零升迎角 α_0。升力系数曲线最高点对应的迎角为临界迎角 α_{cr},对应的升力系数值为最大升力系数 $C_{y,max}$。

10. 某飞机质量为 3 800 kg,机翼面积为 17 m²,零升迎角为 -2.1°,升力系数曲线斜率为 0.077 3(°)⁻¹,求飞机以 360 km/h 的表速做水平飞行时的迎角(海平面空气密度 ρ = 1.225 kg/m³)。

解:

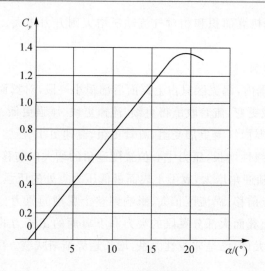

图 3 - 3 - 4　升力系数曲线

设 $m = 3\,800$ kg，$S = 17$ m^2，$\alpha_0 = -2.1°$，$C_y^\alpha = 0.077\,3(°)^{-1}$，$V_\text{表} = 360$ km/h $= 100$ m/s，可得

$$C_y = \frac{2G}{\rho_0 V_\text{表}^2 S} = \frac{2 \times 3\,800 \times 9.8}{1.225 \times 100^2 \times 17} = 0.357\,6$$

由式 $C_y = C_y^\alpha(\alpha - \alpha_0)$，可得

$$\alpha = \frac{C_y}{C_y^\alpha} + \alpha_0 = \frac{0.357\,6}{0.077\,3} + (-2.1°) = 2.53°$$

11. 某飞机质量为 $3\,525$ kg，机翼面积为 17.021 m^2，升力系数曲线如图 $3 - 3 - 5$ 所示，求该飞机在海平面标准大气条件下用临界迎角做水平飞行时的速度。

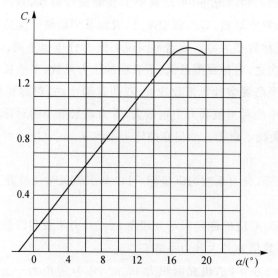

图 3 - 3 - 5　某飞机升力系数曲线

解：

设 $m = 3\,525$ kg，$S = 17$ m^2。

查升力系数曲线得到 $\alpha_{cr}=18°,C_{y,max}=1.47$。

平飞时，升力与重力相等，即

$$Y=mg=C_y\ \frac{1}{2}\rho_0 V_{表}^2\ S$$

$$V_{平表}=\sqrt{\frac{2mg}{C_y\rho_0 S}}=\sqrt{\frac{2\times 3\ 525\times 9.8}{1.47\times 1.225\times 17}}\ \text{m/s}=47.5\ \text{m/s}=171\ \text{km/h}$$

12. 某飞机以 540 km/h 的真速水平飞行，若飞行员拉杆将升力系数增加为原来的两倍后，仍在原高度上平飞，求拉杆后飞机的平飞速度。

解：

设 $V_1=540\ \text{km/h},C_{y2}=2C_{y1}$。

平飞时，升力始终与重力相等，即

$$Y_1=Y_2=C_{y1}\ \frac{1}{2}\rho V_1^2 S=C_{y2}\ \frac{1}{2}\rho V_2^2 S$$

$$V_2=\sqrt{\frac{C_{y1}}{C_{y2}}}\ \boldsymbol{\cdot}\ V_1=\left(540\times\sqrt{\frac{1}{2}}\right)\ \text{km/h}=382\ \text{km/h}$$

13. 分别分析摩擦阻力和压差阻力的产生原因。

答：

(1) 气流与飞机表面发生摩擦形成的阻力称为摩擦阻力。飞机表面各处摩擦力在相对气流方向上投影的总和就是整个飞机的摩擦阻力。

(2) 相对气流流过机翼时，因在机翼前缘附近受到阻挡，流速减慢，压力增大，出现高压区；而在机翼后缘附近气流分离，形成涡流区。在涡流区内，空气快速旋转，频繁发生摩擦，一部分机械能不可逆转地转变成热能而散失，结果造成涡流区内压力降低，这样机翼前后就出现了压力差，这种压力差对飞机飞行起阻碍作用，简称压差阻力。

14. 画图分析诱导阻力的产生原因。

答：

飞机的诱导阻力主要是由机翼产生的。有限翼展的三维机翼产生正升力时，下表面气流压力大，上表面气流压力小，下表面的空气绕过翼尖流向上表面(见图 3-3-6(a))。这样，在气流流过机翼的过程中，下表面的流线由机翼的对称面偏向翼尖，而上表面的流线则由翼尖偏向对称面(见图 3-3-6(b))。由于上下翼面的气流流过后缘时具有不同的流动方向，结果形成旋涡，由于空气的黏性作用及旋涡的相互作用，旋涡面在翼后不远处卷成两个大涡索，称为翼尖涡(见图 3-3-6(c))。

由于翼尖涡的作用，在机翼范围内，诱导出一个向下的速度，叫下洗速度(W)。流过机翼的空气，沿着相对气流速度(V)和下洗速度的合速度方向流动，并向下倾斜，这种向下倾斜的气流称为下洗流(V')。如图 3-3-7 所示。

假如流过机翼的气流是理想流，则机翼在下洗流速度下不产生摩擦阻力和压差阻力，只产生垂直于下洗流的升力(Y')。并且 Y' 相对于机翼远前方来流速度(V_∞)来说，向后倾斜了一个角度(ε)，这个向后倾斜了一个角度的升力称为实际升力。对飞机的飞行而言，这个向后倾斜的实际升力(Y')起两个作用：同相对气流方向垂直的分力（$Y'\cos\varepsilon$）引起升力（有效升力（Y））作用；同相对气流方向平行的分力（$Y'\sin\varepsilon$）与飞行速度方向相反，起阻力（诱导阻力（X_i））作用，如图 3-3-8 所示。

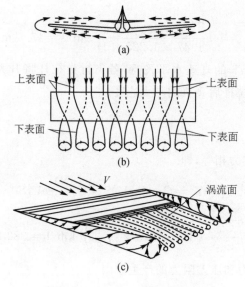

(a)

(b)

(c)

图 3-3-6　翼后涡面和翼尖涡

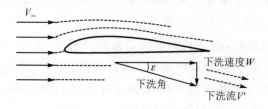

图 3-3-7　下洗速度、下洗流和下洗角

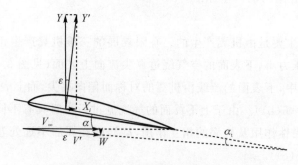

图 3-3-8　诱导阻力的产生

15. 写出阻力公式，说明阻力系数的物理意义。影响阻力大小的因素有哪些？

答：

（1）阻力公式为

$$X = C_x \cdot \frac{1}{2}\rho_\infty V_\infty^2 \cdot S$$

式中，C_x——阻力系数，它综合表达了迎角、飞机形状（含机翼形状、机身形状、尾翼形状、外挂物形状及组合情况）和飞机表面光滑程度等因素对阻力的影响，S 为机翼面积。

（2）由阻力公式可知，飞机飞行时阻力的大小与阻力系数、相对气流动压、机翼面积成正比。

16. 迎角是怎样影响压差阻力和诱导阻力的？展弦比是怎样影响诱导阻力的？为什么？

答：

（1）迎角对压差阻力的影响：在中、小迎角下，改变迎角，压差阻力变化不大；在大迎角下，迎角增大，机翼后缘涡流区明显扩大，使压差阻力明显增大；超过临界迎角后，增大迎角，机翼表面发生严重的气流分离，分离点迅速前移，涡流区迅速扩大，机翼后缘压力减小很多，导致压差阻力急剧增大。

（2）迎角对诱导阻力的影响：在小于临界迎角范围内，迎角增大，一方面升力增大，另一方面翼尖涡增强，气流下洗角增大，导致实际升力更加向后倾斜，从而使诱导阻力迅速增加。

（3）展弦比对诱导阻力的影响：机翼面积相同、展弦比小的机翼平面形状是短而宽。在相同升力下，翼尖部分的升力占的比例大，翼尖涡强，对机翼中部的影响也较显著，平均下洗速度大，诱导阻力就大，所以诱导阻力与展弦比成反比。

17. 零升阻力系数的大小取决于哪些因素？写出诱导阻力系数公式。

答：

（1）零升阻力系数的大小主要取决于翼型相对厚度、相对弯度、最低压力点位置和表面粗糙度等。相对厚度增大或相对弯度增大，零升阻力系数增大，最低压力点位置后移，零升阻力系数减小，表面越粗糙，零升阻力系数越大。

（2）对于椭圆翼来说，诱导阻力系数的大小为

$$C_{xi} = \frac{C_x^2}{\pi \lambda}$$

其他平面形状的直机翼的诱导阻力系数，可在椭圆翼基础上进行修正，一般写为

$$C_{xi} = \frac{C_x^2}{\pi \lambda}(1+\delta) = AC_x^2$$

式中，δ——非椭圆翼诱导阻力系数的修正系数，其大小与机翼平面形状有关；

　A——诱导阻力因子，$A = \dfrac{1+\delta}{\pi \lambda}$。

18. 画出阻力系数曲线示意图，说明阻力系数随迎角的变化规律，并解释原因。

答：

（1）阻力系数曲线如图 3-3-9 所示。

（2）阻力系数随迎角变化的规律是迎角增大，阻力系数不断增大。但是，在小迎角下，阻力系数较小，且增大得较慢；在大迎角下，增大得较快，即增大单位迎角时对应的阻力系数增量大；超过临界迎角以后，急剧增大。这是因为，摩擦阻力系数基本不随迎角变化，在小迎角下，压差阻力系数变化不大，诱导阻力系数与升力系数的平方成正比，而此时升力系数较小，所以诱导阻力系数增加缓慢，即摩擦阻力起主导作用；在大迎角下，升力系数较大，故诱导阻力增加得较快，即诱导阻力起主导作用；超过临界迎角，压差阻力系数急剧增加，压差阻力起主导

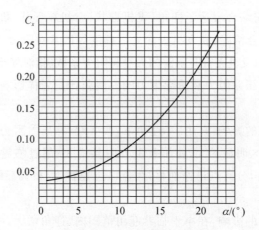

图 3 - 3 - 9　阻力系数曲线

作用。

19. 某飞机质量为 4 000 kg,机翼面积为 17 m²,有效展弦比为 5.4,零升阻力系数为 0.024,求飞机以 540 km/h 的表速做水平飞行时的阻力(海平面空气密度 $\rho = 1.225$ kg/m³)。

解:

设 $m = 4\ 000$ kg,$S = 17$ m²,$\lambda_e = 5.4$,$C_{x0} = 0.024$,$V_表 = 540$ km/h $= 150$ m/s,那么

$$C_{y\overline{\Psi}} = \frac{2G}{\rho V^2 S} = \frac{2 \times 4\ 000 \times 9.8}{1.225 \times 150^2 \times 17} = 0.167$$

$$C_x = C_{x0} + C_{xi} = C_{x0} + \frac{C_y^2}{\pi \lambda_e} = 0.024 + \frac{0.167^2}{3.14 \times 5.4} = 0.025\ 6$$

$$X = C_x \frac{1}{2} \rho V^2 S = (0.025\ 6 \times 0.5 \times 1.225 \times 150^2 \times 17)\ \text{N} = 5\ 997\ \text{N}$$

20. 左右侧滑和侧滑角的正负是怎样规定的?

答:

相对气流方向与飞机对称面不平行的飞行,称为侧滑。相对气流从飞机对称面的左侧前方吹来,称为左侧滑,相对气流从飞机对称面的右侧前方吹来,称为右侧滑。相对气流方向同飞机对称面之间的夹角,称为侧滑角(β)。一般规定右侧滑角为正,左侧滑角为负。

21. 侧力是怎样产生的? 侧力的方向和正负是怎样规定的? 写出侧力公式,说明侧力系数的物理意义。影响侧力大小的因素有哪些?

答:

(1) 以左侧滑为例说明侧力的产生原因。相对气流从飞机左侧前方吹来,在机身和垂尾左侧,气流受到阻挡,流管变粗流速减慢,压力增大;而在机身和垂尾右侧,流管变细,流速加快,压力减小。于是,在机身和垂尾左右两边出现了压力差。压力差在垂直于相对气流方向的总和就是飞机的侧力(Z)。

(2) 侧力的方向与飞机升力的方向和阻力的方向垂直。在左侧滑中,侧力指向对称面的右侧;在右侧滑中,侧力指向对称面的左侧。向右的侧力为正,向左的侧力为负。

（3）侧力公式为

$$Z = C_Z \cdot \frac{1}{2}\rho V^2 \cdot S$$

式中，C_Z——侧力系数，它同升力系数、阻力系数一样，也是由实验求出的无因次数值。

（4）侧力的物理意义及影响因素：侧力系数综合表达了侧滑角、机身和垂尾形状等因素对侧力的影响，其大小取决于侧滑角的大小及机身、垂尾形状等。

22．画出侧力系数曲线示意图，并简述曲线说明了什么。

答：

侧力系数曲线如图 3 - 3 - 10 所示。

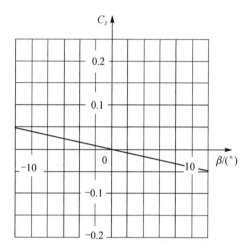

图 3 - 3 - 10　侧力系数曲线

从图 3 - 3 - 10 所示曲线可以看出以下几点。

（1）在无侧滑（$\beta = 0°$）飞行中，侧力系数为零。

（2）在右侧滑（$\beta > 0°$）中，侧力系数为负；在左侧滑（$\beta < 0°$）中，侧力系数为正。

（3）增加单位侧滑角时，侧力系数的增量叫侧力系数曲线斜率，用 C_Z^β 表示。即

$$C_Z^\beta = \frac{\partial C_Z}{\partial \beta}$$

显然，侧力系数曲线斜率是负值，且在中、小侧滑角下为一常数值。

23．空气流过后掠翼，流线为什么左右偏斜？

答：

气流流过后掠翼，其流速（V）同机翼前缘不垂直，可以分解成两个分速：一个是垂直分速（V_n），与前缘垂直；另一个是平行分速（V_t），与前缘平行。

机翼表面沿平行于前缘方向基本没有弯曲，所以在气流流过机翼表面的过程中，平行分速基本不发生变化，而垂直分速（V_n）则沿途不断改变，同气流以流速 V_n 流过平直翼一样，在气流从前缘流至后缘的过程中，机翼沿翼弦方向的压力分布发生了明显变化，变化过程如下。

空气从远前方流向机翼前缘，因受阻滞有效分速越来越小，平行分速则保持不变。这样一来，越接近前缘，气流速度越慢，方向越来越偏向翼尖。过前缘后，在从前缘流向最低压力点的

途中,有效分速又逐渐增大,平行分速仍保持不变,气流方向又从翼尖转向翼根。随后,又因有效分速逐渐减小,气流方向转向原来方向。于是,整个流线呈 S 形弯曲。

24. 翼根效应和翼尖效应对机翼表面压力分布有何影响?

答:

翼根效应使翼根部分的平均吸力减小,升力系数减小。翼尖效应使翼尖部分的平均吸力增大,升力系数增大。

25. 后掠翼和平直翼的低速升阻力特性有什么不同? 为什么?

答:

经推导后掠翼的升阻力特性(用 $C_{y\chi}$,$C_{x\chi}$,$C_{y\chi}^{\alpha}$ 表达)与对应直机翼的升阻力特性(用 C_y,C_x,C_y^{α} 表达)之间的关系为

$$C_{y\chi} = C_y \cos^2 \chi$$
$$C_{x\chi} = C_x \cos^3 \chi$$
$$C_{y\chi}^{\alpha} = C_y^{\alpha} \cos \chi$$

根据这三个公式可以看出,无限后掠翼的 $C_{y\chi}$,$C_{x\chi}$,$C_{y\chi}^{\alpha}$ 都比平直翼的小。对于有限翼展后掠翼,除翼根和翼尖部分与无限翼展有较大差别外,其余部分则是十分接近的。

26. 后掠翼在大迎角下,为什么翼尖先失速? 临界迎角附近升力系数变化为什么比平直翼缓和?

答:

(1) 后掠翼在大迎角下容易形成翼尖气流先分离,导致翼尖先失速。其原因有两个:一方面,在机翼上表面的翼根部分,因翼根效应,平均吸力减小;在机翼上表面的翼尖部分,因翼尖效应,平均吸力较大。于是沿翼展方向存在压力差,这个压力差促使边界层内的空气向翼尖方向流动,致使翼尖部分的边界层变厚,容易产生气流分离。另一方面,由于翼尖效应,在翼尖部分上表面的最低压力点处,流管更细,吸力增大,而在上表面后缘部分,流管变化不大,吸力变化较小。于是,翼尖上表面的后缘部分与最低压力点之间的逆压梯度增大,增强了边界层内空气向前倒流的趋势,容易形成气流分离。

(2) 在临界迎角附近,后掠翼的升力系数变化比平直翼缓和,这是因为后掠翼翼尖气流分离后,机翼上其他大部分区域气流尚未分离,所以机翼升力系数仍随迎角的增大而增加,不过升力系数曲线斜率却是下降的。迎角继续增大,分离范围扩大,升力系数曲线斜率进一步降低。增至临界迎角时,升力系数达到最大。超过临界迎角,机翼大部分气流已分离,于是升力系数随迎角增大开始降低。但是,由于翼根仍有小部分区域气流尚未分离,所以飞机的升力系数降低并不剧烈。

27. 画出升阻比曲线示意图,说明升阻比随迎角的变化规律,并解释原因。

答:

(1) 升阻比(K)就是同一迎角下升力与阻力的比值,可表示为

$$K = \frac{Y}{X} = \frac{C_y \frac{1}{2}\rho V^2 S}{C_x \frac{1}{2}\rho V^2 S} = \frac{C_y}{C_x}$$

某机型升阻比曲线如图 3 - 3 - 11 所示。

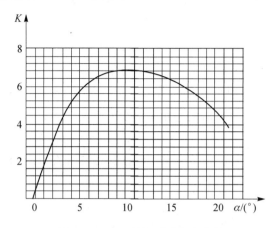

图 3 - 3 - 11　某机型升阻比曲线

（2）从升阻比曲线上可以看出，从零升迎角开始，迎角增大，升阻比增大；迎角增至某一迎角，升阻比达到最大；超过这一迎角，迎角再增大，升阻比反而减小。升阻比随迎角增大之所以先增大后减小，是由于在中、小迎角下，升力系数曲线斜率是一个常数，而阻力系数随迎角增加得慢，增加的比例小于升力系数增加的比例；在大迎角下，阻力系数增加得快，其增加的比例大于升力系数增加的比例；超过临界迎角，升力系数减小，阻力系数急剧增加。

28. 飞机极曲线有何用途？

答：

以阻力系数为横坐标，升力系数为纵坐标，迎角为参变量，把升力系数和阻力系数随迎角变化的规律用一条曲线表示出来，这条曲线称为飞机极曲线。

飞机极曲线的主要用途有：

（1）利用飞机极曲线可查出该型飞机的零升迎角、临界迎角、有利迎角及对应的升力系数、阻力系数。

（2）从极曲线上可看出升力系数、阻力系数、升阻比随迎角的变化规律。

（3）飞机极曲线同升力系数曲线联合使用，可查出各迎角的升力系数、阻力系数。

（4）由极曲线可求出各迎角的总空气动力系数，当曲线纵横坐标轴比例尺一致时可看出各迎角总空气动力的方向。

29. 已知某飞机的机翼面积为 17 m²，零升阻力系数为 0.024，用有利迎角平飞时的表速为 270 km/h，升阻比为 12.38，求飞机的质量。

解：

设 $S = 17$ m²，$C_{x0} = 0.024$，$V_{表} = 278$ km/h $= 77.2$ m/s，$K = 12.38$。

有利迎角时，有

$$C_x = 2C_{x0} = 2 \times 0.024 = 0.048$$

$$C_y = K \cdot C_x = 12.38 \times 0.048 = 0.594$$

因为

$$Y = mg = C_y \frac{1}{2} \rho V^2 S = C_y \frac{1}{2} \rho_0 V_{\text{表}}^2 S$$

所以

$$m = \frac{C_y \rho_0 V_{\text{表}}^2 S}{2g} = \frac{0.594 \times 1.225 \times 77.2^2 \times 17}{2 \times 9.8} \text{ kg} = 3\ 761 \text{ kg}$$

30. 已知某飞机的机翼面积为 17.021 m²，飞机质量为 4 200 kg，求该型飞机在 3 km 高度上以 450 km/h 的速度作水平飞行时的迎角是多少？飞机阻力是多少？

解：

设 $S = 17.021 \text{ m}^2$，$m = 4\ 200 \text{ kg}$，$V = 450 \text{ km/h} = 125 \text{ m/s}$，$H = 3\ 000 \text{ m}$。

查表得 $\rho = 0.909\ 17 \text{ kg/m}^3$，则

$$C_y = \frac{2G}{\rho V^2 S} = \frac{2 \times 4\ 200 \times 9.8}{0.909\ 17 \times 125^2 \times 17.021} = 0.34$$

查该型飞机极曲线得到 $\alpha = 3°$，$C_x = 0.03$，则

$$X = C_x \frac{1}{2} \rho V^2 S = 0.03 \times 0.5 \times 0.909\ 17 \times 125^2 \times 17.021 \text{ N} = 3\ 627 \text{ N}$$

31. 后缘襟翼主要有哪几种形式？分别说明其增升原理。

答：

后缘襟翼主要有简单襟翼、分裂襟翼、开缝襟翼、后退襟翼等形式。各种形式襟翼的增升原理如下。

（1）简单襟翼形状如图 3-3-12 所示。

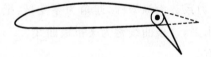

图 3-3-12　简单襟翼

放下简单襟翼，相当于改变了机翼的剖面形状，增大了翼型的相对弯度。因此，各迎角下的升力系数普遍提高。

（2）分裂襟翼形状如图 3-3-13 所示。

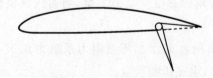

图 3-3-13　分裂襟翼

放下分裂襟翼，不仅机翼下表面气流更加受阻，压力增大，而且在襟翼和机翼下表面后部之间形成涡流，使机翼后缘附近压力降低，吸引机翼上表面气流加速流动。因此，增升效果比简单襟翼强。

（3）开缝襟翼形状如图 3-3-14 所示。

放下开缝襟翼，在增大翼型相对弯度的同时，襟翼前缘与机翼后缘之间形成缝隙，空气从

下表面通过缝隙流向上表面,可以吹除机翼后部的涡流,与无缝隙相比,可延迟气流分离,因此,增升效果好于简单襟翼。

图 3 - 3 - 14　开缝襟翼

（4）双缝襟翼形状如图 3 - 3 - 15 所示。

图 3 - 3 - 15　双缝襟翼

放下双缝襟翼,有更多的高速气流通过两道缝隙流到上翼面,增加边界层能量,可使气流分离推迟到更大的襟翼偏度,有更好的增升效果。

（5）后退襟翼形状如图 3 - 3 - 16 所示。

图 3 - 3 - 16　后退襟翼

放下后退襟翼,襟翼在向下偏转增大相对弯度的同时,还能向后滑动,增大了机翼面积。因此,增升效果比前述各种形状襟翼都强。

32. 放襟翼后,飞机空气动力特性有什么变化? 为什么?

答:

放襟翼后,飞机空气动力特性变化情况及原因如下。

（1）零升迎角减小。变化原因:放下襟翼,同一迎角下的升力系数增大,致使零升迎角减小,但升力系数曲线斜率基本不变。

（2）临界迎角减小。变化原因:在大迎角下放襟翼,机翼上表面最低压力点的压力更小,逆压梯度增大,边界层气流倒流增强,导致机翼在较小迎角下形成强烈的气流分离,引起升力系数减小。这就是说,放襟翼后的临界迎角比不放襟翼的小。但是,最大升力系数却是增大的。

（3）阻力系数增大。变化原因:一是放下襟翼后,升力系数增大,有效展弦比减小,而诱导阻力系数与升力系数的平方成正比,与展弦比成反比,所以诱导阻力系数增大;二是在大迎角下放下襟翼,机翼后缘涡流区扩大,导致黏性压差阻力系数也增大。

（4）升阻比减小。变化原因:在常用的迎角范围内,放下襟翼后,阻力系数增大的比例大于升力系数增大的比例。

（5）压力中心后移。变化原因：放下襟翼后，机翼下表面的正压力和上表面的吸力都增大，但襟翼所在的机翼后部，机翼上下表面压力差增加得更为明显，因而机翼后部的升力增加得更多一些，导致压力中心后移。

33. 什么是地面效应？飞机贴近地面飞行时，空气动力特性有什么变化？为什么？

答：

（1）飞机在起飞、着陆或贴近地面飞行时，由于流经飞机的气流受到地面的影响，致使飞机的空气动力发生变化，这种现象称为地面效应，其具体表现如下。

同空中飞行相比，飞机贴近地面飞行时，对周围流场造成影响。一方面，由于机翼下表面的空气绕过翼尖向上表面流动时，受到地面的阻挡，致使翼尖涡减弱，平均下洗速度减小，下洗角减小；另一方面，由于通过机翼下表面的气流受到地面的阻滞作用，流速减慢，压力增大，且有一部分空气改由上表面流动，使上表面流速进一步加快，压力减小。

（2）飞机贴近地面飞行时，空气动力特性变化为在一定迎角范围内，地面的影响使得各迎角下的升力系数普遍增大。另外，地面的影响使临界迎角减小，最大升力系数降低。

这是因为飞机贴近地面飞行时，机翼下表面的气流受到地面阻滞，平均下洗速度减小，平均下洗角减小，有效迎角增大，使机翼的实际升力增大，且向后倾斜的角度减小，于是，有效升力增大。有效迎角的增大，还会引起气流提前分离，从而使临界迎角减小，最大升力系数降低。

下洗角的减小会使同一升力系数下的诱导阻力系数减小，致使诱导阻力减小。此外，飞机贴近地面飞行时，平尾的下洗速度和下洗角也减小。同空中飞行相比较，在平尾上额外产生一部分正升力，对飞机重心形成低头力矩，这对保持和改变飞机的力矩平衡有一定影响。若平尾面积较大，安装位置低，则影响更明显。

3.4 章节自测

3.4.1 单选题

1. 所谓翼剖面就是（　　）。

A. 假想平行飞机机身纵轴将机翼切一刀，所剖开的剖面

B. 假想平行飞机机身横轴将机翼切一刀，所剖开的剖面

C. 假想垂直机翼前缘将机翼切一刀，所剖开的剖面

D. 假想垂直机翼后缘将机翼切一刀，所剖开的剖面

2. 测量机翼的翼弦是从（　　）。

A. 左翼尖到右翼尖　　　　　　　　　B. 机身中心线到翼尖

C. 机翼前缘到后缘　　　　　　　　　D. 翼型最大上弧线到基线

3. 测量机翼的翼展是从（　　）。

A. 左翼尖到右翼尖　　　　　　　　　　B. 机身中心线到翼尖

C. 机翼前缘到后缘　　　　　　　　　　D. 翼型最大上弧线到基线

4. 机翼的安装角是（　　）。

A. 翼弦与相对气流速度的夹角　　　　　B. 翼弦与机身纵轴之间所夹的锐角

C. 翼弦与水平面之间所夹的锐角　　　　D. 机翼焦点线与机身轴线的夹角

5. 机翼的展弦比是（　　）。

A. 展长与机翼最大厚度之比　　　　　　B. 展长与翼根弦长之比

C. 展长与翼尖弦长之比　　　　　　　　D. 展长与平均几何弦长之比

6. 机翼 1/4 弦线与垂直机身中心线的直线之间的夹角称为机翼的（　　）。

A. 安装角　　　　　B. 上反角　　　　　C. 后掠角　　　　　D. 迎角

7. 翼型的最大厚度与弦长的比值称为（　　）。

A. 相对弯度　　　　B. 相对厚度　　　　C. 最大弯度　　　　D. 平均弦长

8. 翼型的最大弯度与弦长的比值称为（　　）。

A. 相对弯度　　　　B. 相对厚度　　　　C. 最大厚度　　　　D. 平均弦长

9. 影响翼型性能的最主要的参数是（　　）。

A. 前缘和后缘　　　B. 翼型的厚度和弯度C. 弯度和前缘　　　D. 厚度和前缘

10. 低速飞机翼型前缘（　　）。

A. 较尖　　　　　　B. 较圆钝　　　　　C. 为楔形　　　　　D. 以上都不对

11. 关于机翼的剖面形状（翼型），下面说法正确的是（　　）。

A. 上下翼面的弯度相同　　　　　　　　B. 机翼上表面的弯度大于下表面的弯度

C. 机翼上表面的弯度小于下表面的弯度　D. 机翼上下表面的弯度不可比较

12. 飞机升力的大小与空气密度的关系是（　　）。

A. 与空气密度成正比　　　　　　　　　B. 与空气密度无关

C. 与空气密度成反比　　　　　　　　　D. 与空气密度的平方成正比

13. 飞机升力的大小与空速的关系是（　　）。

A. 与空速成正比　　　　　　　　　　　B. 与空速无关

C. 与空速的平方成正比　　　　　　　　D. 与空速的三次方成正比

14. 机翼升力系数与哪些因素有关（　　）。

A. 仅与翼剖面形状有关　　　　　　　　B. 与翼剖面形状和迎角有关

C. 仅与迎角有关　　　　　　　　　　　D. 与翼弦有关

15. 飞机在飞行时，升力方向（　　）。

A. 与相对气流速度垂直　　　　　　　　B. 与地面垂直

C. 与翼弦垂直　　　　　　　　　　　　D. 与机翼上表面垂直

16. 为了飞行安全，飞机飞行时的升力系数和迎角可以达到（　　）。

A. 最大升力系数和临界迎角最大

B. 最大升力系数和小于临界迎角的限定值

C. 小于最大升力系数的限定值和临界迎角

D. 小于最大升力系数和临界迎角的两个限定值

17. 增大翼型最大升力系数的两个因素是（　　　）。

A. 厚度和机翼面积　　　　　　　　　B. 翼弦长度和展弦比

C. 弯度和翼展　　　　　　　　　　　D. 厚度和弯度

18. 机翼所承受的最大空气动力是（　　　）。

A. 机翼上表面压力　　　　　　　　　B. 机翼下表面压力

C. 机翼上表面吸力　　　　　　　　　D. 机翼下表面吸力

19. 机翼的弦线与相对气流速度之间的夹角称为（　　　）。

A. 机翼的安装角　　　B. 机翼的上反角　　　C. 纵向上反角　　　D. 迎角

20. 在相同飞行速度和迎角下，表面不清洁或前缘结冰的机翼升力（　　　）。

A. 大于基本翼型升力　　　　　　　　B. 等于基本翼型升力

C. 小于基本翼型升力　　　　　　　　D. 不确定

21. 飞机前缘结冰对飞行的主要影响是（　　　）。

A. 增大了飞机重量，使起飞困难

B. 增大了飞行阻力，使所需发动机推力大幅增加

C. 增大了临界迎角，使飞机易失速

D. 相同迎角，升力系数下降

22. 飞机的升力主要由（　　　）产生。

A. 增大机翼下表面的压强　　　　　　B. 减小机翼下表面的压强

C. 减小机翼上表面的压强　　　　　　D. 增大机翼上表面的压强

23. 要保持相同的升力，当飞机速度减小时，飞机迎角应（　　　）。

A. 增大　　　　　　　B. 减小　　　　　　C. 不变　　　　　　D. 不一定

24. 飞机迎角增大，压力中心的位置会（　　　）。

A. 前移　　　　　　　B. 后移　　　　　　C. 保持不变　　　　D. 先前移再后移

25. 临界迎角是（　　　）。

A. 最大上升率对应的迎角　　　　　　B. 最大升力系数对应的迎角

C. 最大上升角对应的迎角　　　　　　D. 最大升阻比对应的迎角

26. 放下襟翼，飞机的升力将（　　　）。

A. 减小　　　　　　　　　　　　　　B. 先减小后增加

C. 不变　　　　　　　　　　　　　　D. 增大

27. 飞机相对气流的方向（　　　）。

A. 平行于机翼翼弦，与飞行速度反向　　B. 平行于飞机纵轴，与飞行速度反向

C. 平行于飞行速度，与飞行速度反向　　D. 平行于地平线

28. 飞机的升力（　　　）。

A. 垂直于飞机纵轴　　　　　　　　　B. 垂直于相对气流

C. 垂直于机翼翼弦　　　　　　　　　D. 垂直于重力

29. 相同迎角,飞行速度增大一倍,升力增加为原来的(　　　)。

A. 一倍　　　　　　B. 二倍　　　　　　C. 三倍　　　　　　D. 四倍

30. 飞机的压力中心是(　　　)。

A. 附加升力着力点　　B. 压力最低的点　　C. 压力最高的点　　D. 升力的着力点

31. 翼型升力系数的意义主要表示(　　　)。

A. 相对气流方向对升力的影响　　　　　　B. 迎角和翼型等因素对升力的综合影响

C. 机翼面积对升力的影响　　　　　　　　D. 速度对升力的影响

32. 飞机迎角小于临界迎角,迎角增大,升力系数(　　　)。

A. 减小　　　　　　B. 增大　　　　　　C. 不变　　　　　　D. 不确定

33. 飞机迎角大于临界迎角,迎角增大,升力系数(　　　)。

A. 减小　　　　　　B. 增大　　　　　　C. 不变　　　　　　D. 不确定

34. 有利迎角是(　　　)。

A. 最大气动效率对应的迎角　　　　　　　B. 最大升力系数对应的迎角

C. 最小阻力系数对应的迎角　　　　　　　D. 最大升阻比对应的迎角

35. 飞机失速的原因是(　　　)。

A. 飞机迎角超过临界迎角　　　　　　　　B. 飞机速度太大

C. 飞机速度太小　　　　　　　　　　　　D. 飞机掉高度

36. 飞机上不同部件的连接处装有整流包皮,它的主要作用是(　　　)。

A. 减小摩擦阻力　　　　　　　　　　　　B. 减小干扰阻力

C. 减小诱导阻力　　　　　　　　　　　　D. 减小压差阻力

37. 飞机上产生的摩擦阻力与什么因素有关?(　　　)。

A. 与大气可压缩性

B. 与大气的黏性、飞机表面状况以及周气流接触的飞机表面面积

C. 仅与大气的温度

D. 仅与大气的密度

38. 没有保护好飞机表面的粗糙度,将增加飞机的(　　　)。

A. 压差阻力　　　　B. 摩擦阻力　　　　C. 干扰阻力　　　　D. 诱导阻力

39. 减小飞机外形的迎风面积,目的是减小飞机的(　　　)。

A. 摩擦阻力　　　　B. 压差阻力　　　　C. 诱导阻力　　　　D. 干扰阻力

40. 增大飞机机翼的展弦比,目的是减小飞机的(　　　)。

A. 摩擦阻力　　　　B. 压差阻力　　　　C. 诱导阻力　　　　D. 干扰阻力

41. 合理布局飞机结构的位置,是为了减小(　　　)。

A. 摩擦阻力　　　　B. 压差阻力　　　　C. 诱导阻力　　　　D. 干扰阻力

42. 下列与飞机诱导阻力大小无关的是(　　　)。

A. 机翼的平面形状　　　　　　　　　　　B. 机翼的翼型

C. 机翼的根尖比　　　　　　　　　　　　D. 机翼的展弦比

43. 减小干扰阻力的主要措施是(　　　)。
A. 把机翼表面做得很光滑　　　　　　B. 部件连接处采取整流措施
C. 把暴露的部件做成流线型　　　　　　D. 采用翼尖小翼

44. 下列关于压差阻力的说法正确的是(　　　)。
A. 物体的最大迎风面积越大,压差阻力越小
B. 物体形状越接近流线型,压差阻力越大
C. 压差阻力与最大迎风面积无关
D. 物体的最大迎风面积越大,压差阻力越大

45. 下列关于诱导阻力的说法正确的是(　　　)。
A. 增大机翼的展弦比可以减小诱导阻力
B. 把暴露在气流中的所有部件和零件都做成流线型,可以减小诱导阻力
C. 在飞机各部件之间加装整流包皮,可以减小诱导阻力
D. 提高飞机的表面光洁度可以减小诱导阻力

46. 下列关于阻力的说法正确的是(　　　)。
A. 干扰阻力是由气流的下洗引起的
B. 在飞机各部件之间加装整流包皮可以减小诱导阻力
C. 诱导阻力是由空气的黏性引起的
D. 干扰阻力是飞机各部件之间由于气流相互干扰而产生的一种额外阻力

47. 下列说法正确的是(　　　)。
A. 物体的最大迎风面积越大,压差阻力越小
B. 物体形状越接近流线型,压差阻力越大
C. 压差阻力与最大迎风面积无关
D. 物体的最大迎风面积越大,压差阻力越大

48. 有些飞机的翼尖部位安装了翼梢小翼,它的功用是(　　　)。
A. 减小摩擦阻力　　B. 减小压差阻力　　C. 减小诱导阻力　　D. 减小干扰阻力

49. 飞机上不同部件的连接处装有整流包皮,它的主要功用是(　　　)。
A. 减小摩擦阻力　　B. 减小干扰阻力　　C. 减小诱导阻力　　D. 减小压差阻力

50. 放下襟翼,飞机的阻力将(　　　)。
A. 不变　　　　　　B. 增大　　　　　　C. 减小　　　　　　D. 先增大后减小

51. 后缘襟翼完全放出后,在其他条件不变时,机翼面积增大 30%,阻力系数增到原来的 3 倍,下列说法正确的是(　　　)。
A. 阻力增大到原来的 3.3 倍　　　　　　B. 阻力增大到原来的 1.9 倍
C. 阻力增大到原来的 3.9 倍　　　　　　D. 阻力增大到原来的 4.3 倍

52. 随着飞行速度的提高,下列关于阻力的说法正确的是(　　　)。
A. 诱导阻力增大,废阻力增大　　　　　　B. 诱导阻力减小,废阻力减小
C. 诱导阻力增大,废阻力减小　　　　　　D. 诱导阻力减小,废阻力增大

53. 表面脏污的机翼与表面光洁的机翼相比（　　）。

A. 最大升力系数下降,阻力系数增大

B. 相同升力系数时其迎角减小

C. 同迎角下升力系数相同,阻力系数加大

D. 相同迎角下升力系数、阻力系数都加大

54. 摩擦阻力是由于（　　）产生的。

A. 空气的黏性和飞机表面不绝对光滑　　　　B. 飞行速度太快而使空气压缩

C. 边界层气流分离　　　　　　　　　　　　D. 翼型前后压力差产生

55. 从原点作极曲线的切线,切点所对应的迎角值是（　　）。

A. 最大迎角　　　　B. 有利迎角　　　　C. 最小迎角　　　　D. 临界迎角

56. 当迎角达到临界迎角时,（　　）。

A. 升力突然大大增加,而阻力迅速减小

B. 升力突然大大降低,而阻力迅速增加

C. 升力和阻力同时大大增加

D. 升力和阻力同时大大减小

57. 非对称翼型的零升迎角是（　　）。

A. 一个小的正迎角　　　　　　　　　　　　B. 一个小的负迎角

C. 临界迎角　　　　　　　　　　　　　　　D. 失速迎角

58. 飞机飞行中,机翼升力等于零时的迎角称为（　　）。

A. 零升迎角　　　　B. 失速迎角　　　　C. 临界迎角　　　　D. 零迎角

59. 失速指的是（　　）。

A. 飞机失去速度　　　　　　　　　　　　　B. 飞机速度太快

C. 飞机以临界迎角飞行　　　　　　　　　　D. 飞机以最小速度飞行

60. 失速迎角就是临界迎角,指的是（　　）。

A. 飞机飞得最高时的迎角　　　　　　　　　B. 飞机飞得最快时的迎角

C. 飞机升力系数最大时的迎角　　　　　　　D. 飞机阻力系数最大时的迎角

61. 飞机升阻比值的大小主要随（　　）变化。

A. 飞行速度　　　　B. 飞行迎角　　　　C. 飞行高度　　　　D. 机翼面积

62. 下列说法正确的是（　　）。

A. 飞机的升阻比越大,飞机的空气动力特性越差

B. 飞机的性质角越大,飞机的空气动力特性越好

C. 飞机的升阻比越大,飞机的空气动力特性越好

D. 飞机的升阻比越小,飞机的空气动力特性越好

63. 关于升阻比,下列说法正确的是（　　）。

A. 在最大升力系数时阻力一定最小　　　　B. 最大升阻比时,一定是达到临界迎角

C. 升阻比随迎角的改变而改变　　　　　　D. 机翼设计使升阻比不随迎角变化而变化

64. 比较而言,产生增升效果较大的后缘襟翼是(　　)。

A. 简单襟翼　　　　　B. 分裂式襟翼　　　　C. 后退式襟翼　　　　D. 开缝式襟翼

65. 采用空气动力作动的前缘缝翼(　　)。

A. 小迎角下,前缘缝翼依靠空气动力的吸力打开

B. 大迎角下,前缘缝翼依靠空气动力的吸力打开

C. 大迎角下,前缘缝翼依靠空气动力的压力打开

D. 小迎角下,前缘缝翼依靠空气动力的压力打开

66. 机翼涡流发生器的作用是(　　)。

A. 产生涡流增大压差阻力使飞机减速

B. 将边界层上方气流能量导入边界层加速气流流动

C. 下降高度时产生涡流以减小升力

D. 产生的涡流使扰流板的使用效果加强

67. 克鲁格襟翼在使用中通过(　　),加大翼型弯度。

A. 前缘部分下表面向前张开一个角度　　　　B. 前缘部分向下偏转

C. 前缘部分与机翼分离向前伸出　　　　　　D. 前缘部分下表面向内凹入

68. 前缘缝翼的主要作用是(　　)。

A. 放出前缘缝翼,可增大飞机的临界迎角　　B. 增大机翼升力

C. 减小阻力　　　　　　　　　　　　　　　D. 改变机翼弯度

69. 前缘缝翼只有在(　　)的情况下打开才能有增升作用。

A. 无论任何迎角　　　　　　　　　　　　　B. 小迎角

C. 迎角接近或超过临界迎角　　　　　　　　D. 中迎角

70. 后缘襟翼增升的共同原理是(　　)。

A. 增大了翼型的相对弯度　　　　　　　　　B. 增大了翼型的迎角

C. 在压力中心的后部产生阻力　　　　　　　D. 减小了翼型的阻力

71. 打开后缘襟翼既能增大机翼切面的弯曲度,又能增加机翼的面积,继而提高飞机的升力系数,这种襟翼称为(　　)。

A. 分裂式襟翼　　　　　　　　　　　　　　B. 简单式襟翼

C. 后退开缝式襟翼　　　　　　　　　　　　D. 后退式襟翼

72. 翼刀的作用是(　　)。

A. 增加机翼翼面气流的迎角　　　　　　　　B. 减小气流的横向流动造成的边界层加厚

C. 将气流分割成不同流速的区域　　　　　　D. 将气流分割成不同流动状态的区域

73. 属于减升装置的辅助操纵面是(　　)。

A. 扰流扳　　　　　B. 副翼　　　　　C. 前缘缝翼　　　　　D. 后缘襟翼

74. 属于增升装置的辅助操纵面是(　　)。

A. 扰流板　　　　　B. 副翼　　　　　C. 前缘襟翼　　　　　D. 减速板

75. 放出前缘缝翼的作用是(　　)。

A. 巡航飞行时延缓机翼上表面的气流分离

   B. 改善气流在机翼前缘流动,减小阻力

   C. 增加上翼面边界层的气流流速

   D. 增大机翼弯度,提高升力

76. 分裂式增升装置的增升特点是(　　　)。

   A. 增大临界迎角和最大升力系数　　　　　B. 增大升力系数,减少临界迎角

   C. 临界迎角增大　　　　　　　　　　　　D. 临界迎角增大,最大升力系数减小

77. 边界层吹除装置的工作原理是(　　　)。

   A. 吹除并取代边界层使气流稳定

   B. 在边界层下吹入气流防止边界层与翼表面的摩擦

   C. 在边界层上方吹出一层气流,防止边界层加厚

   D. 将气流吹入边界层加速边界层流动,防止气流分离

78. 前缘襟翼的作用是(　　　)。

   A. 增加机翼前缘升力以使前缘抬升

   B. 增加迎角提高机翼升力使压力中心位置移动而使飞机纵向平衡

   C. 在起飞着陆时产生抬头力矩改变飞机姿态

   D. 增加翼型弯度,防止气流在前缘分离

79. 前缘襟翼与后缘襟翼同时使用,是为了(　　　)。

   A. 消除前缘气流分离,使后缘襟翼效果加强

   B. 在前缘产生向前的气动力分量,以抵消后缘襟翼产生的阻力

   C. 前缘襟翼伸出遮挡气流对后缘襟翼的冲击,避免结构损坏

   D. 减缓气流到达后缘襟翼的速度,避免后缘襟翼气流因高速而分离

80. 翼尖缝翼对飞机稳定性和操纵性的作用是(　　　)。

   A. 使气流方向横向偏移流向翼尖,造成副翼气流流量加大,增加操纵效果

   B. 增加向上方向气流,增大气流厚度

   C. 减小机翼前缘气流分离使副翼气流平滑

   D. 补偿两侧机翼气流不均,使气动力均衡

81. 当后缘襟翼放下时,下述说法正确的是(　　　)。

   A. 只增大升力　　　　　　　　　　　　　B. 只增大阻力

   C. 既可增大升力,又可增大阻力　　　　　D. 增大升力,减小阻力

82. 飞机起飞时,后缘襟翼放下的角度小于着陆时放下的角度,是因为(　　　)。

   A. 后缘襟翼放下角度比较小时,机翼升力系数增加,阻力系数不增加

   B. 后缘襟翼放下角度比较大时,机翼阻力系数增加,升力系数不增加

   C. 后缘襟翼放下角度比较小时,机翼升力系数增加的效果大于阻力系数增加的效果

   D. 后缘襟翼放下角度比较小时,机翼升力系数增加的效果小于阻力系数增加的效果

83. 根据机翼升力和阻力计算公式可以得出,通过增大机翼面积来增大升力的同时(　　　)。

   A. 阻力不变　　　　　　　　　　　　　　B. 阻力减小

   C. 阻力也随着增大　　　　　　　　　　　D. 阻力先增加后减小

84. 使用前缘缝翼提高临界迎角的原理是(　　)。

A. 加快机翼前缘上表面的气流流速,在前缘形成吸力峰

B. 减小机翼下翼面气流的流速,增大上下翼面的压力差

C. 加快边界层内气流的流速,使分离点后移

D. 加快边界层内气流的流速,使分离点前移

85. 下面利用了增大机翼面积的增升原理的是(　　)。

A. 后退式后缘襟翼　　　　　　　　B. 下垂式前缘襟翼

C. 后缘简单襟翼　　　　　　　　　D. 分裂襟翼

86. 利用增大机翼弯度来提高机翼的升力系数,会导致(　　)。

A. 机翼上表面最低压力点前移,减小临界迎角

B. 机翼上表面最低压力点后移,减小临界迎角

C. 机翼上表面最低压力点前移,加大临界迎角

D. 机翼上表面最低压力点后移,加大临界迎角

87. 增升装置的增升原理是(　　)。

A. 增大部分机翼弦长　　　　　　　B. 使最大厚度点后移

C. 使最大弯度点后移　　　　　　　D. 减小机翼的迎风面积

88. 使用机翼后缘襟翼提高升力系数的同时,临界迎角减小的主要原因是(　　)。

A. 放下后缘襟翼时,增大了机翼的弯度

B. 放下后缘襟翼时,增大了机翼的面积

C. 放下后缘襟翼时,在上下翼面之间形成了缝隙

D. 放下后缘襟翼时,在上下翼面之间形成了多条缝隙

89. 增大机翼弯度可以增大机翼升力的原理是(　　)。

A. 使边界层保持层流状态　　　　　B. 加快机翼前缘上表面气流的流速

C. 加快机翼后缘气流的流速　　　　D. 推迟边界层分离

3.4.2　多选题

90. 对一般非对称翼型来说,下列说法中正确的是(　　)。

A. 当迎角为零时,升力不为零

B. 当翼剖面有一个正迎角时,上翼面处的流线比下翼面处的流线疏

C. 当翼剖面有一个正迎角时,上翼面处的流速小于下翼面处的流速

D. 当翼剖面有一个正迎角时,上翼面处的流速大于下翼面处的流速

91. 影响机翼升力系数的因素有(　　)。

A. 翼型　　　　　　B. 迎角　　　　　　C. 空气密度　　　　　D. 机翼平面形状

92. 飞机上产生的摩擦阻力与大气的(　　)有关。

A. 可压缩性　　　　B. 黏性　　　　　　C. 温度　　　　　　　D. 密度

93. 下列说法不正确的是(　　　)。

A. 当迎角达到临界迎角时,升力会突然大大增加

B. 气流变为杂乱无章,并且出现旋涡流动的边界层称为层流边界层

C. 边界层的气流各层不相混杂而成层流动,称为层流边界层

D. 当迎角达到临界迎角时,阻力会大大减小

94. 翼型后部产生的涡流会造成(　　　)。

A. 摩擦阻力增加　　　　B. 压差阻力增加　　　　C. 升力增加　　　　　　D. 升力减小

95. 对于下洗流的影响,下述说法正确的是(　　　)。

A. 在空中,上升时比巡航时下洗流影响大

B. 低速飞行在地面比在高空时下洗流影响大

C. 水平安定面在机身上比在垂直尾翼上时受下洗流影响大

D. 在任何情况下,下洗流的影响都一样

96. 机翼翼梢小翼减小阻力的原理是(　　　)。

A. 减轻翼尖旋涡　　　　　　　　　　B. 减小气流下洗速度

C. 保持层流边界层　　　　　　　　　　D. 减小边界层内气流流速的横向梯度

97. 减少飞机摩擦阻力的措施包括(　　　)。

A. 保持飞机表面粗糙度　　　　　　　　B. 采用层流翼型

C. 减小迎风面积　　　　　　　　　　　D. 增大后掠角

98. 气流流过飞机表面时,产生的摩擦阻力(　　　)。

A. 是在边界层中产生的　　　　　　　　B. 其大小与边界层中流体的流动状态有关

C. 是伴随升力而产生的阻力　　　　　　D. 其大小与空气的温度有关

99. 关于升阻比,下列说法正确的是(　　　)。

A. 升力系数达到最大时,升阻比也达到最大

B. 升阻比达到最大之前,随迎角增加而增加

C. 升阻比呈线性增加

D. 升阻比又称气动效率系数

100. 极曲线是升力系数对阻力系数的曲线,即(　　　)。

A. 曲线最高点的纵坐标值表示最大升力系数

B. 从原点作极曲线的切线,切线的斜率是最大升阻比的迎角值

C. 平行纵坐标的直线与曲线相切,可以得到最小阻力系数和迎角值

D. 曲线最高点的纵坐标值表示最大升阻比

101. 飞机着陆时使用后缘襟翼的作用是(　　　)。

A. 提高飞机的操纵灵敏性　　　　　　　B. 增加飞机的稳定性

C. 增加飞机的升力　　　　　　　　　　D. 增大飞机的阻力

102. 前缘缝翼的功用是(　　　)。

A. 增大机翼的安装角　　　　　　　　　B. 增加飞机的稳定性

C. 增大最大升力系数　　　　　　　　　D. 提高临界迎角

103. 下面利用了控制边界层的增升原理的是(　　)。

A. 后缘简单襟翼　　　　　　　　　B. 前缘缝翼

C. 涡流发生器　　　　　　　　　　D. 下垂式前缘襟翼

104. 利用机翼的增升装置控制边界层,可以(　　)。

A. 减小边界层的厚度　　　　　　　B. 加快边界层气流的流速

C. 使边界层分离点向前移　　　　　D. 使边界层分离点向后移

105. 后退开缝式襟翼的增升原理是(　　)。

A. 增大机翼的面积　　　　　　　　B. 增大机翼的相对厚度

C. 增大机翼的相对弯度　　　　　　D. 加速边界层气流流动

3.5　章节自测参考答案

1. A	2. C	3. A	4. B	5. D	6. C
7. B	8. A	9. B	10. B	11. B	12. A
13. C	14. B	15. A	16. D	17. D	18. C
19. D	20. C	21. D	22. C	23. A	24. D
25. B	26. D	27. C	28. B	29. D	30. D
31. B	32. B	33. A	34. D	35. A	36. B
37. B	38. B	39. B	40. C	41. C	42. B
43. B	44. D	45. B	46. D	47. D	48. C
49. B	50. B	51. C	52. D	53. A	54. A
55. B	56. B	57. B	58. A	59. C	60. C
61. B	62. C	63. C	64. C	65. B	66. B
67. A	68. A	69. A	70. A	71. D	72. B
73. A	74. C	75. C	76. B	77. D	78. D
79. A	80. C	81. C	82. C	83. C	84. C
85. A	86. A	87. A	88. A	89. B	90. AD
91. ABD	92. BC	93. ABD	94. BD	95. AC	96. AB
97. AB	98. ABD	99. BD	100. AC	101. CD	102. CD
103. BC	104. BD	105. ACD			

第4章 高速气流特性

4.1 知识要点

本章主要介绍弱扰动的传播、压缩性、马赫数及其物理意义、一维绝热流动的能量方程、空气动力加热、激波、膨胀波、声爆等内容。通过本章学习,学生能够阐述弱扰动的传播、马赫数的定义及其物理意义、气流总参数和静参数与马赫数之间的关系、超声速流动的特点、激波的产生及其特点、超声速气流经过激波后气流参数变化关系、膨胀波的产生及其特点、超声速气流经过膨胀波后气流参数变化关系,能够掌握正激波和斜激波的特点,能利用超声速气流经过激波、膨胀波后气流参数变化关系,会分析超声速流场变化情况。

4.1.1 基本概念

1. 压缩性

空气的压缩性是指空气的体积或密度在压力或温度变化时可以改变的特性。一般用 $\mathrm{d}p/\mathrm{d}\rho$ 衡量空气压缩性。随着温度的升高,$\mathrm{d}p/\mathrm{d}\rho$ 增大,空气将变得难以压缩;反之,温度降低,$\mathrm{d}p/\mathrm{d}\rho$ 减小,空气将变得容易压缩。

2. 扰动波

在扰动传播过程中,受扰动的空气与未受扰动的空气之间的分界面称为扰动波。波面前后压力差微小的,称为弱扰动波;波面前后压力差显著的,称为强压力波。扰动分为压缩扰动 ($\mathrm{d}p>0$) 和膨胀扰动 ($\mathrm{d}p<0$),对应的扰动波就是压缩波和膨胀波。压缩波分为弱压缩波和强压缩波两种,强压缩波,也称激波。膨胀波是一种弱扰动波。声波是最常见的弱扰动波。

3. 声 速

声波的传播速度称为声速。它是扰动波中传播速度最慢的。声速代表了弱扰动波的传播速度。在不同的介质中,声速的大小是不一样的。在金属中声速比在水中快,在水中又比在空气中快。在空气动力学中,声速专指弱扰动波在空气中的传播速度,用 a 表示。

4. 马赫数

气流速度与当地声速的比值称为马赫数,一般用 Ma 表示。马赫数是奥地利物理学家马赫最早提出的。由于对流层中声速随高度增加而减小,所以飞行高度变化时,相同的飞行速度对应不同的飞行马赫数,而相同的飞行马赫数对应不同的飞行速度。

5. 总参数和静参数

在绝热流动中,气体的温度随速度的减小而增大。气流速度绝热地滞止到零时所对应的参数称为驻点参数,即总参数,例如总压、总温、总密度,分别用 p_0、T_0、ρ_0 表示。流场中驻点之外的其他点的参数 p、T、ρ 等,称为静参数。

6. 空气动力加热

飞机高速飞行时,流向飞机的相对气流在飞机前缘或边界层中受到阻滞,使空气温度升高,在绝热时,速度减小为零时温度将升高到总温。热量向飞机表面传播,使飞机温度升高。这种现象称为空气动力加热,又称气动增温。

7. 正激波和斜激波

脱体激波的中部波面与气流方向垂直,称为正激波;脱体激波的外侧波面与气流方向成一倾斜角,称为斜激波。

气流通过正激波后,空气压缩最严重,激波前后的压力差最大,即正激波强度最强。斜激波的强度比正激波的弱。斜激波在延伸中,强度是逐渐减弱的,延伸至某一处就减弱成弱扰动波。

8. 激波角

波前气流方向与斜激波的夹角称为激波角,用 β 表示。激波角的大小取决于波前气流马赫数和气流内折角的大小。激波角的大小反映了波前气流速度与激波波速之间的比例关系。当 Ma 一定时,激波角越大,说明激波波速大,激波强;反之,则激波弱。

9. 激波损失

超声速气流通过激波后的总压损失称为激波损失。在同一 Ma 下,斜激波比正激波的损失小。为了提高飞机性能,要千方百计地减小这种损失。为此,超声速飞机的头部变尖,机翼变薄,尽量使正激波变成斜激波,以减小机械能损失。

10. 声　爆

飞机超声速飞行时,机身、机翼、尾翼的头部和尾部都会产生强烈的激波,引起周围空气发生急剧的压力变化。如果飞行高度不高,地面上的人在激波经过瞬间,会听到类似响雷或炮弹爆炸的声音,这就是超声速飞行中的声爆。

4.1.2　基本理论和基本方程

1. 一维绝热流动的能量方程

对于空气,一维绝热流动的能量方程有如下几种表达形式:

$$\frac{V^2}{2} + 3.5\frac{p}{\rho} = 常数 \tag{4-1-1}$$

$$\frac{V^2}{2} + 1\,000T = 常数 \tag{4-1-2}$$

$$\frac{V^2}{2} + u + \frac{p}{\rho} = 常数 \tag{4-1-3}$$

式(4-1-3)中,$V^2/2$,u 和 p/ρ 分别为单位质量空气的动能、内能和压力能。它表明,在绝热过程中,流动空气的动能、内能和压力能之间可以相互转换,总和保持不变。气流速度减小时,其内能和压力能之和增加;气流速度增大时,其内能和压力能之和减小。

高速能量方程与低速能量方程(伯努利方程)的不同之处在于:低速时,密度、温度不变,内能不参与转换,伯努利方程中只有动能和压力能相互转换;而高速时,温度、密度的变化不容忽视,能量方程中有动能、内能和压力能三种能量参与转换。

高速能量方程是在绝热无黏的条件下推导出来的。即使气流内部有摩擦现象,方程仍然适用。因为尽管气体摩擦做了功,摩擦热保留在气体内部,所以它可适用于黏性气体。

2. 超声速气流加减速特点

超声速气流加减速时,气流特性呈现出与亚声速显著不同的特点。主要表现有两点。第一,流管截面积随流速的变化规律截然不同。第二,扰动有界。气流加速时,界面为膨胀波;减速时,界面为激波。

3. 产生超声速气流的条件

产生超声速气流的条件,除气流必须通过先收缩后扩张的流管之外,进口与出口的压力比还要足够大。根据

$$\frac{\mathrm{d}A}{A} = (Ma^2 - 1)\frac{\mathrm{d}V}{V} \tag{4-1-4}$$

可知,要产生超声速气流,流管截面应先减小后增大,整条流管的形状如图4-1-1所示,这种先收缩后扩张的管子称为拉瓦尔管。超声速风洞的喷管就是这种先收缩后扩张的形状。在拉瓦尔管中,亚声速气流必在收缩段里,超声速气流只能出现在扩张段里,而 $Ma=1$ 必在最窄截面处(喉部)。

4. 超声速气流流过膨胀波后气流参数的变化

根据能量方程,超声速气流流过膨胀波,波后流动方向外折,流速增加,压强、密度、温度等

减小。由于超声速气流经过的是一个扇形膨胀区(即一束膨胀波),流速有一定量的增加,压力、温度、密度都有一定量的下降,但这些变化是连续的、渐变的,是一个等熵过程。

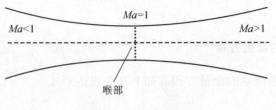

图 4 - 1 - 1　拉瓦尔管

5. 激波产生的条件和原因

激波产生的条件是超声速气流受到阻挡(不管这种阻挡以什么形式出现),产生的原因是超声速时扰动有界。超声速气流受阻后,通过激波减速,存在气流参数突变的界面。而亚声速气流受到阻挡是逐渐减速的,不存在气流参数的突变。

6. 超声速气流流过激波后气流参数的变化

根据能量方程,超声速气流流过激波,波后流动方向内折,流速减小,压强、密度、温度等增大。由于超声速气流经过的是一道强压缩波,流速、压力、温度、密度的变化是突变的,是一个绝热不等熵过程。

4.1.3　常用公式

1. 声速公式

$$a = \sqrt{\frac{\mathrm{d}p}{\mathrm{d}\rho}} \tag{4-1-5}$$

或

$$a = \sqrt{kRT} \tag{4-1-6}$$

式中,k——比热比;

R——气体常数。

对于空气,将 $k = 1.4$,$R = 287$ J/(kg·K)代入式(4-1-6),则有

$$a = 20\sqrt{T} \tag{4-1-7}$$

式(4-1-7)表明,声速的大小取决于空气是否容易压缩和空气温度。

2. 马赫数

$$Ma = \frac{V}{a} \tag{4-1-8}$$

式中，Ma——马赫数；

　　V——气流速度；

　　a——当地声速。

Ma 是空气动力学中一个很重要的参数，具有以下物理含义。

（1）Ma 可作为划分气流速度范围的尺度。根据 Ma 的大小，气流速度的范围可划分为亚声速、等声速、超声速、高超声速等。

（2）Ma 可作为空气压缩性影响强弱的标志。即当 $Ma \le 0.3$ 时，空气密度的变化非常小，可忽略压缩性的影响，此时可以认为流动是不可压缩流动；而当 $Ma > 0.3$ 时，空气密度的变化比较大，不能忽略压缩性的影响，此时流动应该按照可压缩流动来处理。

（3）Ma 决定弱扰动的传播范围。在亚声速气流（$Ma < 1$）中，弱扰动可以向四面八方传播，扰动无界；在超声速气流中（$Ma > 1$），弱扰动不能逆气流方向向前传播，只能在扰动锥里传播，扰动有界。这是超声速气流同亚声速气流的本质区别。

3. 总参数与静参数之比与马赫数之间的关系

$$\frac{T_0}{T} = 1 + 0.2Ma^2 \qquad (4-1-9)$$

$$\frac{\rho_0}{\rho} = (1 + 0.2Ma^2)^{2.5} \qquad (4-1-10)$$

$$\frac{p_0}{p} = (1 + 0.2Ma^2)^{3.5} \qquad (4-1-11)$$

式（4-1-9）、式（4-1-10）和式（4-1-11）称为等熵流动关系式，它表示流场中某点的总参数与静参数之比和气流 Ma 之间的关系。

若以上等熵流动关系式中的 Ma 为飞行 Ma（Ma_∞），温度、压力、密度为飞机所在高度大气的温度、压力和密度，这些静参数分别用 T_∞、p_∞ 和 ρ_∞ 表示。当飞行高度一定，并且 T_∞、p_∞ 和 ρ_∞ 一定时，驻点参数随飞行 Ma 增大而增大，随飞行 Ma 减小而减小。

4. 马赫角

当 $Ma > 1$ 时，弱扰动的波面一方面扩大，一方面以速度（$V-a$）顺流而下，弱扰动所能影响的范围，仅限于一个圆锥内。这个圆锥的锥面是一系列相邻的弱扰动波的公切面，称为扰动锥或者马赫锥。这样，圆锥表面就成了受扰动与未受扰动的界限，这个界限面称为弱扰动的界限波，或称马赫波。其母线称为马赫线，锥顶半角称为马赫角，用 μ 表示，其大小为

$$\mu = \arcsin(1/Ma) \qquad (4-1-12)$$

从式（4-1-12）可以看出，Ma 越小，马赫角（μ）越大，$Ma = 1$ 时，马赫角最大（$\mu = \pi/2$）。$Ma < 1$ 时，不存在马赫波，也就不存在马赫角。

4.1.4　常见问题

1. 亚声速和超声速时,流速随流管截面积的变化规律不同

考虑可压缩性时,流速随流管截面积的变化规律由式(4-1-4)确定。亚声速时,(Ma^2-1) 为负,速度增大对应流管截面积变小;速度减小对应流管截面积变大。这与低速流动的规律相同。但在超声速时,(Ma^2-1) 是正值,速度增大时流管截面积变大,速度减小时流管截面积变小。

2. Ma 不同时,扰动传播的范围不同

当 $Ma<1$ 时,扰动最终可以传播到整个流场;当 $Ma=1$ 时,扰动最终只能传播到后半个流场;当 $Ma>1$ 时,扰动最终只能在扰动源后面的有限流场中传播,即在马赫锥中传播,其范围可用式(4-1-12)计算。

4.2　典型题目解析

1. 如图 4-2-1 所示,A、B 两点处各置一扰动声源,问 Ma 在什么范围内,点 A 可以听到点 B 发出的声音?Ma 在什么范围内,点 B 可以听到点 A 发出的声音? 并解释原因。

解:

由于在亚声速流场中,扰动无界,而在超声速流场中,扰动有界。所以当来流 $Ma<1$ 时,点 A 可以听到点 B 的声音;而当来流 $Ma\leqslant1.175$ 时,点 B 可以听到点 A 的声音。

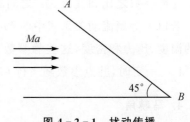

图 4-2-1　扰动传播

由于点 B 在点 A 下游,要使点 A 可以听到点 B 的声音,则点 B 扰动传播的速度要比来流的速度大,而扰动传播的速度就是声速,所以流场必须是亚声速流场,即来流 $Ma<1$。

由于点 A 在点 B 上游,要使点 B 可以听到点 A 的声音,则随着来流速度增加到超声速,点 A 扰动所能影响的范围就局限于以点 A 为定点的圆锥内(马赫锥)。马赫锥的半顶角称为马赫角,记为 μ,其与来流速度的关系为 $\sin\mu=1/Ma$。点 A 和点 B 的连线与来流速度方向的夹角为 $45°$,当点 B 恰好处于点 A 的马赫锥面上时,点 B 处恰好可以听到点 A 处的声音,此时 $Ma=1/\sin\mu=1/\sin45°=1.175$。

注:要根据速度的不同来确定扰动传播的范围。注意区分亚声速和超声速流场的不同。当流动为超声速时,要用马赫角计算公式确定马赫锥的大小,即扰动传播的范围。

2. 超声速气流以小迎角流过二维平板翼型,如图 4-2-2 所示。试画出平板翼型的超声速流动图（波系）。

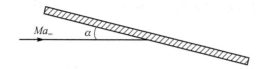

图 4 - 2 - 2　超声速气流流过平板翼型

解：

超声速气流流过平板翼型的波系图如图 4 - 2 - 3 所示。

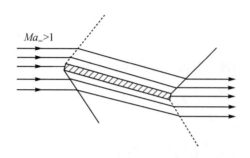

图 4 - 2 - 3　超声速气流流过平板翼型的波系图

当超声速气流流过平板上表面时，在前缘由于流管面积增大，相当于气流外折，所以上表面前缘是一个扰动源，会产生一道膨胀波，超声速气流经过膨胀波之后，进一步加速。在上表面后缘，气流最后要与来流方向一致，流管面积减小，相当于气流内折，所以上表面后缘是一个扰动源，会产生一道激波。

当超声速气流流过平板下表面时，在前缘由于流管面积减小，相当于气流内折，所以下表面前缘是一个扰动源，会产生一道激波，超声速气流经过激波之后，气流减速。在下表面后缘，气流最后要与来流方向一致，流管面积增大，相当于气流外折，所以下表面后缘是一个扰动源，会产生一道膨胀波。

注：当超声速气流流过物体时，产生的是激波还是膨胀波，要看波后气流的方向是内折还是外折，或者边界的压强是大还是小。当波后气流是内折，或者波后边界的压强大，则产生的是激波；相反，当波后气流是外折，或者波后边界的压强小，则产生的是膨胀波。

3. 一个超声速风洞，风洞储液罐的空气温度和压力分别为 $T_0 = 1\ 000$ K 和 $p_0 = 10$ atm*。进气口和出口的静温分别为 $T^* = 833$ K 和 $T_e = 300$ K。经过喷管的质量流量为 0.5 kg/s。对于空气，$c_p = 1\ 008$ J/(kg·K)。计算

（1）进气口速度 V^*；

（2）出口速度 V_e；

（3）进气口面积 A^*；

（4）出口面积 A_e。

解：

由于问题与温度、速度相关，可采用能量方程。

(1) 根据能量方程 $\left(c_p T + \dfrac{1}{2} V^2 = 常数\right)$，可写出储液罐与进气口之间的关系为

$$c_p T_0 + \frac{1}{2} V_0^2 = c_p T^* + \frac{1}{2} V^{*2}$$

然而在储液罐中，$V_0 \approx 0$ ms，则可得

$$
\begin{aligned}
V^* &= \sqrt{2c_p(T_0 - T^*)} \\
&= \sqrt{2 \times 1\,008 \times (1\,000 - 833)} \ \text{m/s} \\
&= 580 \ \text{m/s}
\end{aligned}
\tag{4-2-1}
$$

(2) 根据方程，可写出储液罐和出口之间的关系为

$$c_p T_0 = c_p T_e + \frac{1}{2} V_e^2$$

则

$$
\begin{aligned}
V_e &= \sqrt{2c_p(T_0 - T_e)} \\
&= \sqrt{2 \times 1\,008 \times (1\,000 - 300)} \ \text{m/s} \\
&= 1\,188 \ \text{m/s}
\end{aligned}
$$

(3) 处理质量流量和面积的基本方程是连续方程。需要注意由于速度足够大，可考虑为压缩流，因此可用

$$\dot{m} = \rho^* A^* V^* \quad 或 \quad A^* = \frac{\dot{m}}{\rho^* V^*}$$

在之前的讨论中，$\dot{m}$ 已经给出，V^* 根据式 (4-2-1) 已知。然而，按照要求，在计算 A^* 之前必须得出 ρ^*。为了得出 ρ^*，根据状态方程，

$$\rho_0 = \frac{p_0}{RT_0} = \frac{10 \times (1.01 \times 10^5)}{287 \times 1\,000} \ \text{kg/m}^3 = 3.52 \ \text{kg/m}^3$$

假设喷管流动为等熵流，根据方程

$$\left(\frac{\rho^*}{\rho_0}\right) = \left(\frac{T^*}{T_0}\right)^{1/(\gamma-1)} \tag{4-2-2}$$

可得

$$\rho^* = \rho_0 \left(\frac{T^*}{T_0}\right)^{1/(\gamma-1)} = 3.52 \times \left(\frac{833}{1\,000}\right)^{1/(1.4-1)} \ \text{kg/m}^3 = 2.23 \ \text{kg/m}^3$$

因此

$$A^* = \frac{\dot{m}}{\rho^* V^*} = \frac{0.5}{2.23 \times 580} \ \text{m}^2 = 3.87 \times 10^{-4} \ \text{m}^2$$

(4) 得出的 A_e 与之前的解 A^* 相似

$$\dot{m} = \rho_e A_e V_e \tag{4-2-3}$$

假设为等熵流，根据式 (4-2-2) 可得

$$\rho_e = \rho_0 \left(\frac{T_e}{T_0}\right)^{1/(\gamma-1)} = 3.52 \times \left(\frac{300}{1\,000}\right)^{1/(1.4-1)} \ \text{kg/m}^3 = 0.174 \ \text{kg/m}^3$$

则根据式(4-2-3),可计算出

$$A_e = \frac{\dot{m}}{\rho_e V_e} = \frac{0.5}{0.174 \times 1\,188} \ \text{m}^2 = 24.2 \times 10^{-4} \ \text{m}^2$$

注:① 要注意物理量之间的联系,合理使用方程(如涉及温度、速度等物理量时,要考虑到能量方程);② 要根据流动的特点,正确使用方程(如流速过大时,要考虑可压缩性);③ 要注意理论与实际之间的异同(如储液罐内的流速几乎为零,喷管的流动近似为等熵流)。

4.3　思考题详解

1. 写出声速公式,简述空气压缩性与声速之间的关系。

答:

声波的传播速度称为声速。在空气动力学中,声速专指弱扰动波在空气中的传播速度,用 a 表示。声速的大小可表示为

$$a = \sqrt{\frac{\mathrm{d}p}{\mathrm{d}\rho}}$$

或

$$a = \sqrt{kRT}$$

对于空气,将 $k=1.4$,$R=287 \ \text{J/(kg·K)}$ 代入,则有

$$a = 20\sqrt{T}$$

可见,声速的大小取决于空气是否容易压缩,以及空气的温度。即气温升高,空气变得难以压缩,声速随之升高。反之亦然。

2. 说明飞行高度和速度对飞行 Ma 的影响。

答:

飞行速度与飞机所在高度上声速的比值称为飞行马赫数,用 Ma 表示:

$$Ma = \frac{V}{a}$$

由上式可见,当飞机所在高度不变时,飞行速度越大,飞行马赫数越大。当飞行速度不变时,飞机所在高度越高,声速越小(对流层内),飞行马赫数越大。

3. 写出一维绝热流动的能量方程,并给出它与伯努利方程的相同点和不同点。

答:

(1) 对于空气,一维绝热流动的能量方程表达形式为

$$\frac{V^2}{2} + u + \frac{p}{\rho} = 常数$$

对于空气,当流动高度变化不大时,伯努利方程通常写为

$$p + \frac{1}{2}\rho V^2 = C$$

（2）一维绝热流动的能量方程（高速能量方程）与伯努利方程（低速能量方程）的相同之处是两者均包含动能和压力能。不同之处主要有两点。

① 伯努利方程中只有动能和压力能相互转换；而一维绝热流动的能量方程中，因为温度、密度的变化不容忽视，因而有动能、内能和压力能三种能量参与转换。

② 伯努利方程没有考虑气流内部的摩擦，仅适用于理想流体，而此时一维绝热流动的能量方程仍然适用。

4. 某飞机的飞行速度是 850 km/h，问：

（1）在海平面标准大气条件下，其飞行 Ma 是多少？总温是多少？

（2）1 000 m 高度上，飞行 Ma 是多大？总温是多少？

解：

设 $V = 850$ km/h $= 236.1$ m/s

（1）海平面：$a = 340.3$ m/s，$T_\infty = 288.15$ K，那么

$$Ma_\infty = \frac{V}{a} = \frac{236.1 \text{ m/s}}{340.3 \text{ m/s}} = 0.694$$

$$T_0 = (1 + 0.2 Ma^2) T_\infty = (1 + 0.2 \times 0.694^2) \times 288.15 \text{ K} = 315.9 \text{ K}$$

（2）$H = 1 000$ m，查表得 $a = 336.4$ m/s，$T_\infty = 281.65$ K，则

$$Ma_\infty = \frac{V}{a} = \frac{236.1 \text{ m/s}}{336.4 \text{ m/s}} = 0.702$$

$$T_0 = (1 + 0.2 Ma^2) T_\infty = (1 + 0.2 \times 0.702^2) \times 281.65 \text{ K} = 309.4 \text{ K}$$

5. 某飞机在 5 000 m 高度上飞行，测得总压为 $p_0 = 9 000$ Pa，已知机翼表面某点的速度为 200 m/s，求该点的压力、密度和温度。

解：

$H = 5 000$ m，查表得

$p_\infty = 54 022.3$ Pa，$T_\infty = 255.65$ K，$\rho_\infty = 0.736 09$ kg/m³。

由 $\frac{p_0}{p_\infty} = (1 + 0.2 Ma_\infty^2)^{3.5} \Rightarrow \frac{90 000}{54 022.3} = (1 + 0.2 Ma_\infty^2)^{3.5} \Rightarrow Ma_\infty = 0.886$。

计算出总温

$$T_0 = (1 + 0.2 Ma_\infty^2) T_\infty = (1 + 0.2 \times 0.886^2) \times 255.65 \text{ K} = 295.8 \text{ K}$$

总密度

$$\rho_0 = (1 + 0.2 Ma_\infty^2)^{2.5} \rho_\infty = (1 + 0.2 \times 0.886^2)^{2.5} \times 0.736 09 \text{ kg/m}^3 = 1.06 \text{ kg/m}^3$$

由能量方程

$$\frac{V_1^2}{2} + 1 000 T_1 = 1 000 T_0 \Rightarrow T_1 = T_0 - \frac{V_1^2}{2 000} = \left[295.8 - \frac{200^2}{2 000} \right] \text{ K} = 275.8 \text{ K}$$

由 $\frac{p_0}{p_1} = \left(\frac{T_0}{T_1} \right)^{3.5} \Rightarrow p_1 = p_0 \left(\frac{T_1}{T_0} \right)^{3.5} = 90 000 \times \left(\frac{275.8}{295.8} \right)^{3.5} \text{ Pa} = 70 441.5 \text{ Pa}$

由 $\frac{\rho_0}{\rho_1} = \left(\frac{T_0}{T_1} \right)^{2.5} \Rightarrow \rho_1 = \rho_0 \left(\frac{T_1}{T_0} \right)^{2.5} = 1.06 \times \left(\frac{275.8}{295.8} \right)^{2.5} \text{ kg/m}^3 = 0.889 8 \text{ kg/m}^3$

6. 分析亚声速流和超声速流中,流管截面积与流速的关系。要获得超声速气流为什么一定要采用拉瓦尔管?

答:

可压缩气流流管截面积相对变化量与气流速度相对变化量之间的关系式如下:

$$\frac{\mathrm{d}A}{A} = (Ma^2 - 1)\frac{\mathrm{d}V}{V} \tag{4-3-1}$$

通过式(4-3-1)可知,亚声速时,(Ma^2-1) 为负,速度增大对应流管截面积变小,速度减小对应流管截面积变大。在超声速时,(Ma^2-1) 是正值,速度增大时流管截面积变大。因此,要产生超声速气流,流管截面应先减小后增大,整根流管的形状先收缩后扩张(拉瓦尔管)。

7. 说明超声速气流流过一外凸角和外凸曲面时,膨胀波区的形成过程及膨胀波区前后气流参数的变化情形。

答:

(1) 超声速气流流过一外凸角时的情形如图 4-3-1 所示。

设超声速气流无粘地绕无限小的外凸角 dδ 流动。在转折点 O 之前,气流和壁面完全平行,气流未受扰动。流至 O 点,壁面外折流动空间扩大,气流膨胀加速并外折一个角度,继续沿壁面流动。根据能量方程,速度增大后压力、密度、温度随之减小。显然,转折点 O 为扰动源。由于超声速气流扰动有界,所以扰动影响只限于以 OL_1 为锥面的马赫锥内,通过点 O 的马赫线 OL_1 为一道弱扰动波,也是一道膨胀波,马赫角 $\mu = \arcsin(1/Ma)$。超声速气流通过膨胀波前,气流参数没有任何变化。通过膨胀波后,速度增大,温度、压力、密度均减小,但变化很微小,是一个等熵过程。

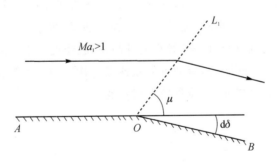

图 4-3-1　超声速气流流过一外凸角时的情形

超声速气流流过连续微小外凸角的情形如图 4-3-2 所示。

扰源无限靠近,dδ 就成为 δ,每转过一微小角度,就产生一道膨胀波,气流就膨胀加速一次,即 $Ma_4 > Ma_3 > Ma_2 > Ma_1$。由于 Ma 越大,马赫角就越小,所以各膨胀波不会相交。

可见,超声速气流流过一外凸角时,气流方向的改变不是一次完成的,而是经过无数条膨胀波。这些膨胀波都从同一扰源点 O 出发,形成扇形膨胀区,如图 4-3-3 所示。气流经过扇形膨胀区后,流速有一定量的增加,压力、温度、密度都有一定量的下降,但这些变化是连续的,渐变的,所以过程仍然是等熵的。

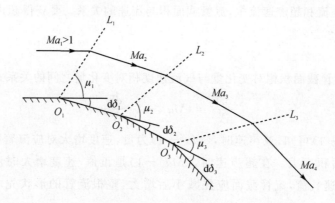

图 4 - 3 - 2　超声速气流流过连续微小外凸角的情形

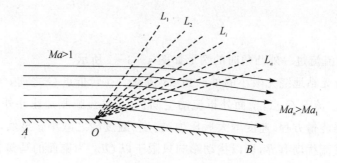

图 4 - 3 - 3　超声速气流流过一外凸角膨胀区的情形

（2）超声速气流流过一外凸曲面时的情形如图 4 - 3 - 4 所示。

设 AO 和 $O'B$ 为直壁面，OO' 为外凸曲面，可以把弯曲部分 OO' 看成由许许多多不断转折的微小外凸角组成的表面。超声速气流流过这一外凸曲面，也就可以看成空气连续流过许多转折角很小的外凸角。气流每经过一个微小的外凸角，就受扰产生一道膨胀波，从而产生无数道膨胀波。气流每经过一道膨胀波，流动方向就改变一次，速度就增加一点，压力、密度、温度就降低一点。而在膨胀波束之外，气流参数保持不变。

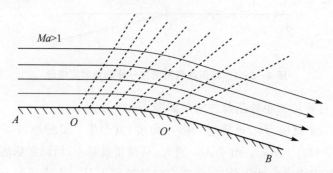

图 4 - 3 - 4　超声速气流流过一外凸曲面时的情形

8. 飞机头部激波是怎样产生的？正激波和斜激波有什么区别？

答：

（1）飞机在静止的空气中以超声速飞行或相对气流以超声速向飞机吹来,气流受到机头和机翼前缘阻挡流速减慢很多,压力显著提高,形成一个强压力波。初始阶段,由于压力波强度大,波面前后的压力差比较大,压力波传播速度大,波面可以离开机翼前缘逆气流向前传播。但是,随着强压力波向前传播,强度将逐渐降低,使压力差逐步减小,传播速度减慢。当压力波传播速度与气流速度相等时,压力波将相对于飞机保持不动,这就是激波。

（2）飞机做超声速飞行,产生头部或前缘激波。实验证明,在钝头条件下,由于钝头对气流的阻滞作用很强,一般产生脱体激波,即离开飞机机翼前缘。脱体激波的中部波面与气流方向垂直,称为正激波;脱体激波的外侧波面与气流方向成一倾斜角,称为斜激波。

气流通过正激波后,空气压缩最严重,激波前后的压力差最大,即正激波强度最强。斜激波的强度比正激波的弱。斜激波在延伸中,强度是逐渐减弱的,延伸至某一地方就减弱成弱扰动波了。

9. 什么是激波角? 激波角是怎样变化的?

答:

（1）飞机做超声速飞行,且机翼为尖头前缘(如菱形机翼),在尖前缘半顶角不太大的情况下,会产生附体斜激波。它的形成原理是,当来流与楔形体中轴线平行时,气流方向内折,气流受到斜平面的阻滞作用,从而在气流转折的地方产生上下两道斜激波。前缘半顶角称为气流内折角或称折壁内凹角(δ)。波前气流方向与斜激波的夹角称为激波角,用 β 表示。

（2）激波角的大小取决于波前气流马赫数和气流内折角的大小。波前气流马赫数越大,激波角越小;气流内折角越大,激波角越大。

10. 如图 4-3-5 所示,比较飞机在超声速飞行中,1、2、3、4 点的流速、压力、密度、温度的大小,并说明原因。

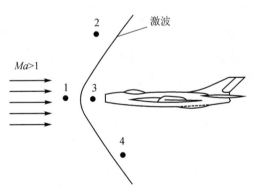

图 4-3-5　激波前后静参数大小的比较

答:

由于点 1 和点 2 在激波之前,气流未受到扰动,所以这两点的流动情况相同;点 3 和点 4 处于激波之后,气流受到扰动,并且点 3 可以看作是点 1 的气流经过正激波之后到达点 3 的,点 4 可以看作是点 2 的气流经过斜激波之后到达点 4 的,超声速气流经过激波后,速度减小,压强、温度、密度增大,但正激波的强度要比斜激波的强度要大,因此点 3 受扰动的程度要比点4 要大。综上所述,可得

$$V_1 = V_2 > V_4 > V_3$$
$$p_3 > p_4 > p_1 = p_2$$
$$\rho_3 > \rho_4 > \rho_1 = \rho_2$$
$$T_3 > T_4 > T_1 = T_2$$

4.4　章节自测

4.4.1　单选题

1. 对于声速,下列说法正确的是(　　)。

A. 只要空气密度大,声速就大　　　　　　B. 只要空气压力大,声速就大

C. 只要空气温度高,声速就大　　　　　　D. 只要空气密度小,声速就大

2. 某飞机在 5 000 m 高度上飞行,该高度的声速为 1 155 km/h,当飞行速度增大到 1 040 km/h 时,机翼表面最低压力点处的局部气流速度为 1 100 km/h,而该点的局部声速也降为 1 100 km/h,这时飞机的临界飞行 Ma 为(　　)。

A. 1 040/1 100　　　　B. 1 100/1 100　　　　C. 1 100/1 155　　　　D. 1 040/1 155

3. 当飞机飞行马赫数超过临界马赫数之后,下列情况正确的是(　　)。

A. 局部激波首先出现在上翼面

B. 局部激波首先出现在下翼面

C. 只在上翼面出现局部激波

D. 随着飞行速度的继续提高,局部微波向前移动

4. 关于飞机飞行时对周围大气产生的扰动情况,下列正确的是(　　)。

A. 扰动产生的波面是以扰动源为中心的同心圆

B. 产生的小扰动以声速向外传播

C. 只有马赫锥内的空气才会受到扰动

D. 如果不考虑扰动波的衰减,只要时间足够长,周围的空气都会受到扰动

5. 飞机飞行中,空气表现出来的可压缩程度(　　)。

A. 只取决于飞机的飞行速度(空速)

B. 只取决于飞机飞行当地的声速

C. 只取决于飞机飞行的高度

D. 和飞机飞行的速度(空速)以及当地的声速有关

6. 马赫数表指示(　　)。

A. 飞机真空速与声速之比　　　　　　　　B. 飞机当量空速与声速之比

C. 飞机指示空速与声速之比　　　　　　　D. 飞机地速与声速之比

7. 从低速开始到超声速,迎角一定情况下,飞机的阻力系数会随马赫数增加而(　　)。

　　A. 先增大后减小　　　　　　　　　　　　B. 一直增大

　　C. 先减小后增大　　　　　　　　　　　　D. 保持不变

8. 在激波后面,(　　)。

　　A. 空气的压强突然增大　　　　　　　　　B. 空气的压强突然减小

　　C. 空气的密度减小　　　　　　　　　　　D. 空气的温度降低

9. 亚声速气流经过收缩管道后,(　　)。

　　A. 速度增加,压强增大　　　　　　　　　B. 速度降低,压强下降

　　C. 速度增加,压强下降　　　　　　　　　D. 速度降低,压强增大

10. 超声速气流经过收缩管道后,(　　)。

　　A. 速度增加,压强增大　　　　　　　　　B. 速度降低,压强下降

　　C. 速度增加,压强下降　　　　　　　　　D. 速度降低,压强增大

11. 超声速气流的加速性是指(　　)。

　　A. 流速要加快,流管必须变细　　　　　　B. 流速要加快,流管必须变粗

　　C. 流速要加快,流管可以不变　　　　　　D. 流速与流管的横切面积无关

12. 气流通过正激波后,压力、密度和温度都突然升高,且流速(　　)。

　　A. 气流速度不变　　　　　　　　　　　　B. 可能为亚声速也可能为超声速

　　C. 由超声速降为亚声速　　　　　　　　　D. 有所降低但仍为超声速

13. 气流通过斜激波后,压力、密度和温度也会突然升高,且流速(　　)。

　　A. 不变　　　　　　　　　　　　　　　　B. 可能为亚声速,也可能为超声速

　　C. 由超声速降为亚声速　　　　　　　　　D. 有所降低但仍为超声速

14. 头部非常尖的物体,对气流的阻滞作用不强,超声速飞行时,在其前缘通常产生(　　)。

　　A. 附体激波　　　　　B. 脱体激波　　　　　C. 局部激波　　　　　D. 不产生激波

15. 为了使亚声速气流加速到超声速,应使用的流管是(　　)。

　　A. 收缩流管　　　　　　　　　　　　　　B. 扩张流管

　　C. 先收缩后扩张的流管　　　　　　　　　D. 先扩张后收缩的流管

4.4.2　多选题

16. 对于声速,下列说法正确的是(　　)。

　　A. 声速是空气可压缩性的标志　　　　　　B. 声速高,空气黏性就越大

　　C. 声速是空气压力大小的标志　　　　　　D. 空气速度是空气可压缩性的标志

17. 下列符合声速随大气高度变化情况的是(　　)。

　　A. 随高度增高而降低　　　　　　　　　　B. 在对流层内随高度增高而降低

　　C. 在平流层底层保持常数　　　　　　　　D. 随高度增高而增大

18. 在膨胀波后面,(　　)。

　　A. 空气的压强突然增大　　　　　　　　　B. 空气的压强突然减小,速度增大

C. 空气的密度减小　　　　　　　　　　　D. 空气的温度增加

4.5　章节自测参考答案

1. C　　　　2. D　　　　3. A　　　　4. B　　　　5. D　　　　6. A

7. A　　　　8. A　　　　9. C　　　　10. D　　　　11. B　　　　12. C

13. B　　　　14. A　　　　15. C　　　　16. AB　　　17. BC　　　18. BC

第 5 章 飞机的高速空气动力特性

5.1 知识要点

本章在高速气流特性的基础上,分别从机翼的剖面形状和平面形状入手,分亚声速、跨声速和超声速三个不同阶段来介绍飞机的高速空气动力特性和空气动力干扰等内容。通过本章学习,学生能够掌握临界马赫数的定义,阐述局部激波的产生和发展,以及后掠翼和三角翼的气动特性,归纳总结翼型亚声速、跨声速、超声速三个阶段的气动特点。

5.1.1 基本概念

1. 等声速点

当飞行速度增大到某一速度时,翼型表面最低压力点的气流速度等于该点的声速,该点称为等声速点。

2. 临界速度

飞机表面上最大气流速度等于当地声速时的飞行速度称为临界速度,用 V_{cr} 表示。

3. 临界马赫数

飞机以临界速度飞行时的飞行马赫数称为临界马赫数,用 Ma_{cr} 表示。

4. 激波阻力

超声速气流中因激波而引起的阻力称为激波阻力,简称波阻。

5.1.2　基本理论和基本方程

1. 局部激波的产生和发展

(1) 局部激波的产生

当飞行 Ma（来流马赫数 Ma_∞）大于 Ma_{cr} 时，等声速点的后面，流管扩张，空气膨胀加速，出现局部超声速区。在超声速区内，压力下降，其压力比大气压力小得多，但翼型后缘处的压力却接近大气压，这种较大的逆压梯度使局部超声速气流受到阻挡，产生较强的压力波，压力波逆着翼型表面的气流向前传播。由于是强压力波，传播速度大于当地声速，且超声速区内的气流速度大于局部声速，所以当压力波传到某一位置，其传播速度等于迎面的局部超声速气流速度时，就无法再继续向前传播，该压力波相对于翼型稳定在这一位置，于是翼型上表面出现一压力突增的分界面，这个分界面就是局部激波，如图 5－1－1 所示。

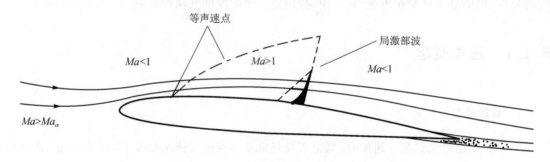

等声速点

$Ma<1$　　　　$Ma>1$　　　局激部波　　　$Ma<1$

$Ma>Ma_{cr}$

图 5－1－1　翼型局部激波的产生

(2) 局部激波的发展

以接近对称的薄翼型，在同一小正迎角下的实验结果为例，来说明随来流 Ma（飞行 Ma）增大的过程中，翼型局部超声速区和局部激波发展的一般规律。

飞机以正迎角飞行，翼型上表面的局部流速比下表面大，所以当飞行 Ma 超过 Ma_{cr} 后，翼型上表面首先出现范围较小的局部超声速区和强度较弱的局部激波，如图 5－1－2(a) 所示。

保持迎角不变，飞行 Ma 增大，在翼型上表面激波前各点的气流速度都普遍加快，原来没有达到声速的，增加到了声速，流管截面积最小处前移，致使等声速点前移。同时因形状类似于拉瓦尔管的流管进口和出口的压力比增大，超声速区内的气流速度超过声速更多，大于激波的传播速度，迫使局部激波后移。等声速点前移和局部激波后移，都使得超声速区扩大，如图 5－1－2(b) 所示。超声速气流速度增大，使局部激波前后的压力差增大，激波强度增强，传播速度加快。当局部激波后移到某一位置，其传播速度增大到与波前的超声速气流速度相等时，激波就稳定在新的位置上不再向后移动了。

飞行 Ma 继续增大，翼型下表面也出现了局部超声速区和局部激波，如图 5－1－2(c) 所示。因为,实验中的翼型接近对称型,且为正迎角,下翼面流管截面最细处比上翼面靠后,所以下表面等声速点的位置比上表面的靠后一些,局部超声速区和局部激波的位置也同样靠后。

飞行 Ma 继续增大,翼型上下表面的等声速线都前移,局部激波都后移,局部超声速区都扩大,如图 5 - 1 - 2(d)所示。但下表面的局部激波比上表面的后移得快些。这是因为,接近对称的薄翼型,在正迎角下,上翼面流线弯曲程度大一些,下翼面流线弯曲程度小一些。因此,上翼面的流管后段沿途扩张得较快,压力沿弦向的变化也比较快;而下翼面后段流管沿途扩张得比较慢,压力沿弦向的变化也比较慢。在飞行 Ma 增大的过程中,假如上下翼面的局部激波后移同样的距离,下翼面局部激波前后压力差自然增加得少一些,传播速度也自然加快得少一些。由此可见,下翼面的局部激波须比上翼面的局部激波向后移动更多的距离才能使其传播速度增大至与波前的超声速气流速度相等。所以说,翼型下表面的局部激波比上表面的向后移动得快一些,下表面局部激波的位置比上表面的靠后些。因此,当飞行 Ma 增大至一定程度,下表面的局部激波先移到后缘。

飞行 Ma 增大至接近 1 时,上表面的局部激波也移到后缘。此时,翼型后缘出现两道斜激波(称为后缘激波)。此时上下表面几乎全是超声速区,如图 5 - 1 - 2(e)所示。

飞行 Ma 大于 1 以后,翼型前缘出现前缘激波,后缘激波更向后倾斜,这时已是超声速,如图 5 - 1 - 2(f)所示。

2. 跨声速阶段,升力系数随飞行 Ma 的变化

在跨声速阶段,随飞行 Ma 的增大,升力系数先增大,随后减小,接着又增大。升力系数之所以有如此起伏变化,是翼型上下表面出现了局部超声速区和局部激波的结果。

如图 5 - 1 - 3 中点 A 之前的直线段对应飞行 Ma 约小于 0.3 时的情形,翼型上下表面是低速气流,低速时翼型的升力系数取决于迎角和翼型,基本不随 Ma 变化。

飞行 Ma 小于临界马赫数(Ma_{cr})时,翼型上下表面全是亚声速气流,升力系数按亚声速规律变化。即 Ma 增大,升力系数增大,如图 5 - 1 - 3 中点 A 之前的曲线段所示。

图 5 - 1 - 3 中点 A 所对应的 Ma 为 Ma_{cr}。由图可见,飞行 Ma 超过 Ma_{cr} 后,升力系数随 Ma 的增大而迅速增加。这是因为,此时翼型上表面已出现了局部超声速区和局部激波,并随 Ma 的增大而扩大。在超声速区里,流速不断增加,压力不断减小,即吸力不断增大。这种迅速增加的额外吸力导致升力系数迅速增大,如图 5 - 1 - 3 中曲线 AB 段所示。

飞行 Ma 进一步增大,翼型下表面也出现局部超声速区,随着 Ma 的增大,上下表面的局部超声速区都在扩展,由于下表面的局部超声速区比上表面的扩展得快,所以在 Ma 增大的过程中,翼型下表面产生的附加吸力更大,结果使翼型升力系数随飞行 Ma 的增大而减小,如图 5 - 1 - 3 中曲线 BC 段所示。

在翼型下表面的局部激波移到后缘而上表面的局部激波尚未移到后缘的情况下,随着飞行 Ma 的增大,上表面的局部激波继续后移,超声速区向后继续扩大,上翼面的附加吸力不断增大。于是,升力系数又重新增大,如图 5 - 1 - 3 中曲线 CD 段所示。

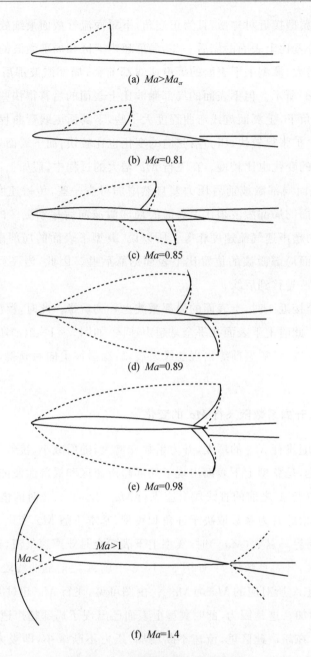

(a) $Ma>Ma_{cr}$

(b) $Ma=0.81$

(c) $Ma=0.85$

(d) $Ma=0.89$

(e) $Ma=0.98$

(f) $Ma=1.4$

图 5-1-2　机翼局部激波的发展

在 Ma 大于 1 以后的超声速阶段,翼型出现后缘激波和前缘激波,升力系数随飞行 Ma 的增大而不断下降,如图 5-1-3 中 D 点之后的曲线段所示。

3. 跨声速阶段,压力中心随飞行 Ma 的变化

在跨声速飞行阶段,随飞行 Ma 增大,翼型压力中心先后移,接着前移,而后又后移。

飞行 Ma 超过 Ma_{cr} 后,翼型上表面首先出现了局部超声速区和局部激波。随 Ma 的增大,激波后移,超声速区扩大。局部超声速区位于翼型中后段,且流速最快点位于激波前,这就

引起翼型上表面中部和后段的吸力增大,产生正的附加升力 $\Delta Y'$,致使翼型压力中心向后移动,如图 5-1-4(a)所示。

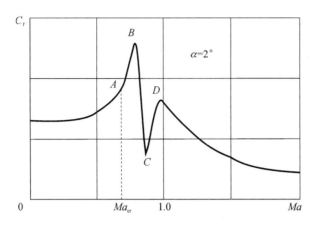

图 5-1-3　升力系数随 Ma 的变化

飞行 Ma 继续增大,翼型下表面也出现了局部超声速区和局部激波。由于下表面的局部激波靠后,并随 Ma 增大迅速移至后缘,这就引起翼型下表面后半段吸力增大,产生负的附加升力 $\Delta Y''$,致使压力中心前移,如图 5-1-4(b)所示。

当下表面局部激波移至后缘后,飞行 Ma 继续增大,由于上表面局部激波继续后移,超声速区扩大,后半部吸力增大,导致压力中心又后移。

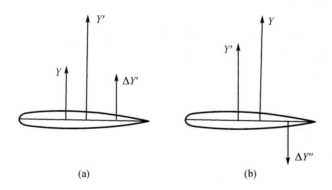

图 5-1-4　跨声速阶段压力中心位置的变化

4. 跨声速阶段,阻力系数随飞行 Ma 的变化

在迎角和翼型一定的条件下,在跨声速范围内阻力系数随飞行 Ma 的增加而增加,如图 5-1-5 所示。

在 Ma_{cr} 之前,阻力系数基本不随飞行 Ma 变化;接近 Ma_{cr} 时,阻力系数才稍有增加。

飞行 Ma 超过 Ma_{cr} 不多时,翼型上表面的局部超声速区范围很小,附加吸力不很大,向后倾斜得也不厉害,所以翼型前后压力差额外增加得不多,使阻力系数开始增加得比较缓慢。有的资料把 Ma 增加 1%,阻力系数也增加 0.1% 时的飞行 Ma 定义为阻力发散 Ma。

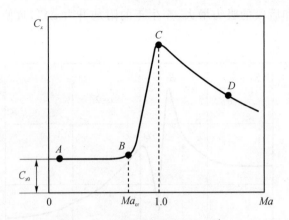

图 5 - 1 - 5　阻力系数随 Ma 的变化

随着飞行 Ma 进一步增大,翼型上表面的局部激波逐渐后移,超声速区不断扩大,附加吸力越往后越大,并且越向后倾斜靠近飞行速度方向。另外,下表面也产生局部超声速区和局部激波,附加吸力也向后倾斜。这就使翼型前后压力差显著增加,导致阻力系数急剧增加,如图 5 - 1 - 5 中曲线 BC 段所示。

飞行 Ma 增到 1 附近时,阻力系数达到最大。当翼型出现前缘激波后,阻力系数随 Ma 的增大而减小。

5. 高速飞机的翼型特点

现代高速飞机的翼型具有不同于低速飞机的一些特点。其主要目的是提高 Ma_{cr},延缓局部激波的产生,并在 Ma 超过 Ma_{cr} 以后,减小波阻。具体特点如下。

(1) 相对厚度小。

(2) 相对弯度小。

(3) 最大厚度位置靠近弦线中间。

(4) 前缘半径小。

6. 跨声速面积律

在一定条件下,小展弦比机翼和细长旋成体机身的组合体在跨声速阶段的零升波阻系数增量 ΔC_{x0},主要取决于组合体横截面积(即迎风面积)沿机身纵轴方向的分布,而与组合体的外形没有关系。

7. 超声速面积律

在一定 $Ma_\infty(Ma_\infty > 1)$ 下,翼身细长组合体的零升波阻取决于此 Ma_∞ 相对应的斜切投影面积 S_n 的轴向分布,而与组合体的几何外形无关。

5.1.3　常用公式

1. 普朗特–葛劳尔特(Prandtl-Glauert)公式

理论计算表明,亚声速阶段,薄翼型机翼在中小迎角下的压力系数可按普朗特–葛劳尔特公式作近似计算,即

$$\bar{p}_{可压} = \frac{\bar{p}_{不可压}}{\sqrt{1-Ma^2}} \tag{5-1-1}$$

式中,$\bar{p}_{可压}$——可压缩气流中机翼表面的压力系数;

　　　$\bar{p}_{不可压}$——不可压缩气流中机翼表面的压力系数;

　　　Ma——飞行马赫数。

2. 亚声速阶段,机翼的升力系数和升力系数曲线斜率

$$C_{y,可压} = \frac{C_{y,不可压}}{\sqrt{1-Ma^2}} \tag{5-1-2}$$

$$C_{y,可压}^{\alpha} = \frac{C_{y,不可压}^{\alpha}}{\sqrt{1-Ma^2}} \tag{5-1-3}$$

式(5-1-2)和(5-1-3)表明,在亚声速阶段,机翼的升力系数和升力系数曲线斜率都随 Ma 的增大而增大。

3. 卡门–钱公式

在空气压缩性的影响下,在低亚声速下计算整个翼型表面各点的压力系数采用普朗特–葛劳尔特公式较准确,但在高亚声速时就不准确了。更精确的理论计算表明,翼面上各点的压力系数并不为原来的 $1/\sqrt{1-Ma^2}$ 倍。$\bar{p}_{可压}$ 和 $\bar{p}_{不可压}$ 之间的精确关系可用由我国著名科学家钱学森和他的导师冯·卡门提出的卡门–钱公式进行计算。卡门–钱公式为

$$\bar{p}_{可压} = \frac{\bar{p}_{不可压}}{\sqrt{1-Ma^2} + \dfrac{1-\sqrt{1-Ma^2}}{2} \cdot \bar{p}_{不可压}} \tag{5-1-4}$$

由式(5-1-4)计算出的翼型压力分布,不仅在低亚声速是准确的,而且在高亚声速也是准确的。

4. 平板翼型在超声速小迎角条件下的升力系数、阻力系数、升力系数曲线斜率

理论和实验都证明,平板翼型在超声速小迎角条件下的升力系数、阻力系数、升力系数曲线斜率随 Ma 的变化关系,可用式(5-1-5)、式(5-1-6)和式(5-1-7)作近似计算,即

$$C_y = \frac{4\alpha}{\sqrt{Ma^2 - 1}} \tag{5-1-5}$$

$$C_{xw} = \frac{4\alpha^2}{\sqrt{Ma^2 - 1}} \tag{5-1-6}$$

$$C_y^\alpha = \frac{4}{\sqrt{Ma^2 - 1}} \tag{5-1-7}$$

可见,迎角一定,当飞行 Ma 大于 1 时,升力系数、阻力系数和升力系数曲线斜率均随 Ma 的增大而减小。原因是,当飞行 Ma 增大时,膨胀波和斜激波都要更向后倾斜,其结果使得上表面膨胀波后的气流吸力减小,下表面斜激波后的气流正压力也减小,即上下表面压差减小,总空气动力系数 C_R 减小,所以升力系数和阻力系数必然减小。

5. 对称薄翼型在小迎角条件下的升力系数、阻力系数和压力中心

对称薄翼型在小迎角条件下的升力系数、阻力系数,可按式(5-1-8)作理论计算,即

$$C_y = \frac{4\alpha}{\sqrt{Ma^2 - 1}} \tag{5-1-8(a)}$$

$$C_{xw} = \frac{4\alpha^2}{\sqrt{Ma^2 - 1}} + \frac{K\overline{c^2}}{\sqrt{Ma^2 - 1}} \tag{5-1-8(b)}$$

$$\overline{X}_{压} = 0.5 \tag{5-1-8(c)}$$

从式(5-1-8)可以看出,对称薄翼型超声速空气动力特性与平板翼型超声速空气动力特性的差别仅在波阻系数上。即在翼型很薄时,可忽略厚度影响,升力系数只取决于迎角和飞行 Ma,与翼型的相对厚度无关,但是相对厚度对波阻的影响不能忽略。

由式(5-1-8(a))和式(5-1-8(b))可以推导出下式:

$$C_{xw} = C_{x0w} + C_{xlw} = \frac{K\overline{c^2}}{\sqrt{Ma^2 - 1}} + \frac{\sqrt{Ma^2 - 1}}{4} \cdot C_y^2 \tag{5-1-9}$$

式(5-1-8)和式(5-1-9)中的 K 是形状修正系数,K 的取值与翼型形状有关。双弧形翼型,$K = 16/3$;亚声速对称薄翼型,$K = 10 \sim 16$。

由式(5-1-8)还可以看出,对称薄翼型的压力中心位于弦线中间,并不随飞行 Ma 变化。其他翼型的压力中心位置在超声速阶段也基本不随飞行 Ma 变化。这是因为在超声速阶段,翼型上下表面的局部激波均已移至后缘,局部超声速区已无法扩大,在飞行 Ma 增大的过程中,翼型上下表面各点的压力均大致按同一比例变化,所以压力中心的位置也基本不随飞行 Ma 变化。

5.1.4　常见问题

对称薄翼型的超声速气动特性与平板翼型相比,差别仅在波阻系数上,即在翼型很薄时,

升力系数只取决于迎角和来流马赫数,与翼型的厚度无关,但厚度对波阻的影响不能忽略。

5.2　典型题目解析

已知某型飞机的质量为 5 400 kg,机翼面积为 22.6 m²,零升迎角为 0°,飞行 Ma 为 0.6 时的升力系数斜率为 0.069(1/rad),求在 5 000 m 高度($\rho=0.736\,1$ kg/m³,$a=321$ m/s)以该马赫数做水平飞行时的迎角和升力系数。

解:

平飞升力系数

$$C_y=\frac{2G}{\rho V_\infty^2 S}=\frac{2\times5\,400\times9.8}{0.736\,1\times(321\times0.6)^2\times22.6}=0.172$$

由于 $C_y=C_y^\alpha(\alpha-\alpha_0)$,可得

$$\alpha=\frac{C_y}{C_y^\alpha}+\alpha_0=\left(\frac{0.172}{0.069}+0\right)^\circ=2.49^\circ$$

5.3　思考题详解

1. 空气压缩性对翼型表面压力分布有何影响? 为什么? 试画出双凸形翼型下表面产生正压力时,压缩性气流和非压缩性气流的压力分布示意图。

答:

(1) 双凸形翼型下表面产生正压力时,压缩性气流和非压缩性气流的压力分布如图 5 - 3 - 1 所示。

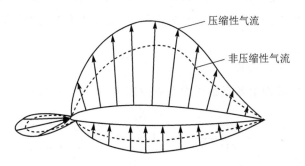

图 5 - 3 - 1　压缩性气流和非压缩性气流的压力分布

(2) 如图 5 - 3 - 1 所示,在亚声速可压缩气流中,空气流过翼型表面,在负压区(吸力区),流速增加,根据 $\mathrm{d}\rho/\rho=-Ma^2\cdot\mathrm{d}V/V$,密度减小,根据高速能量方程 $V^2/2+3.5p/\rho=$ 常数,压力会额外降低,即吸力有额外增加。同理,在正压区,流速减慢,密度增大,压力会额外升高。

因此,翼型迎角一定,气流速度从低速增大到亚声速的过程中,由于空气压缩性的影响,与低速时相比,在亚声速可压缩气流中的翼型表面"吸处更吸,压处更压",压力系数分布如图 5-3-1 中的实线所示。

2. 说明翼型的亚声速空气动力特性,并解释原因。

答:

(1) 机翼的升力系数和升力系数曲线斜率都随 Ma 的增大而增大。

原因:通过亚声速阶段,薄翼型机翼在中小迎角下的升力系数和升力系数曲线斜率可知:

$$C_{y,可压} = \frac{C_{y,不可压}}{\sqrt{1-Ma^2}}$$

$$C_{y,可压}^\alpha = \frac{C_{y,不可压}^\alpha}{\sqrt{1-Ma^2}}$$

因此,机翼的升力系数和升力系数曲线斜率都随 Ma 的增大而增大。

(2) Ma 增大,临界迎角和最大升力系数减小。

原因:正迎角时,飞行 Ma 增大,机翼上表面的额外吸力增加。但各点额外吸力增加的数值却不同。在最低压力点附近,因流速增加得多,密度减小得多,额外吸力增加得多。而在上表面后缘部分,流速增加得少,密度减小得少,所以额外吸力增加得少。结果,随 Ma 增大,后缘部分的压力比最低压力点处的压力大得更多,逆压梯度增大,导致边界层空气更容易倒流,这就有可能在比较小的迎角下,出现严重的气流分离,所以飞机的临界迎角和最大升力系数一般随 Ma 的增大而降低。同理,飞机的抖动迎角和抖动升力系数一般也随飞行 Ma 的增大而减小。

(3) Ma 增大,阻力系数基本不变。

原因:飞行 Ma 增大,一方面,前缘压力额外增加,压差阻力系数增大,但增大有限。另一方面,飞行 Ma 增大是因为气流速度大或声速小,而声速小说明温度低,空气的黏性系数小,空气微团的黏性力小,从而使摩擦阻力系数减小,但减小也有限。一般压差阻力系数的增大与摩擦阻力系数的减小大体相抵,因此,机翼型阻系数(压差阻力系数与摩擦阻力系数之和)基本不随飞行 Ma 变化。

(4) Ma 增大,压力中心前移。

原因:高亚声速时,翼面上各点的压力系数可用卡门-钱公式计算

$$\bar{p}_{可压} = \frac{\bar{p}_{不可压}}{\sqrt{1-Ma^2} + \frac{1-\sqrt{1-Ma^2}}{2} \cdot \bar{p}_{不可压}}$$

从卡门-钱公式可以看出,在上翼面前段,由于 $\bar{p}_{不可压}$ 绝对值较大,则 Ma 增大时 $\bar{p}_{可压}$ 绝对值增大的倍数多;而在后段,$\bar{p}_{可压}$ 绝对值增大的倍数少。因此,随飞行 Ma 的增大,压力中心就会逐渐向前移动。

3. 什么是临界马赫数？说明其物理意义。

答：

临界马赫数及其物理意义：当飞行速度增大到某一速度时，翼型表面最低压力点的气流速度等于该点的声速，该点叫等声速点。这时的飞行速度叫临界速度，用 V_{cr} 表示。飞机以临界速度飞行时的飞行 Ma 称为临界马赫数，用 Ma_{cr} 表示。

4. 翼型表面局部激波是怎样产生的？又是怎样发展的？"局部激波总是先在翼型上表面产生"这种说法对吗？为什么？

答：

（1）局部激波的产生。

当飞行 Ma（来流马赫数 Ma_∞）大于临界马赫数 Ma_{cr} 时，等声速点的后面，流管扩张，空气膨胀加速，出现局部超声速区。在超声速区内，压力下降，其压力比大气压力小得多，但翼型后缘处的压力却接近大气压，这种较大的逆压梯度，使局部超声速气流受到阻挡，产生较强的压力波，压力波逆着翼型表面的气流向前传播。由于是强压力波，故传播速度大于当地声速，又因超声速区内的气流速度大于局部声速，所以当压力波传到某一位置，其传播速度等于迎面的局部超声速气流速度时，就不能再继续向前传播了，结果该压力波相对于翼型稳定在这一位置上，于是翼型上表面出现一压力突增的分界面，这个分界面就是局部激波。

（2）局部激波的发展。

以接近对称的薄翼型在同一小正迎角下的实验结果为例，来说明随来流 Ma（飞行 Ma）增大的过程中，翼型局部超声速区和局部激波发展的一般规律。

飞机以正迎角飞行，翼型上表面的局部流速比下表面大，所以当飞行 Ma 超过 Ma_{cr} 后，翼型上表面首先出现范围较小的局部超声速区和强度较弱的局部激波。

保持迎角不变，飞行 Ma 增大，在翼型上表面激波前各点的气流速度都普遍加快，原来没有达到声速的，增加到了声速，流管截面积最小处前移，致使等声速点前移。同时因形状类似于拉瓦尔管的流管进口和出口的压力比增大，超声速区内的气流速度超过声速更多，大于激波的传播速度，迫使局部激波后移。等声速点前移和局部激波后移，都使得超声速区扩大。超声速气流速度增大，使局部激波前后的压力差增大，激波强度增强，传播速度加快。当局部激波后移到某一位置，其传播速度增大到与波前的超声速气流速度相等时，激波就稳定在新的位置上不再向后移动了。

飞行 Ma 继续增大，翼型下表面也出现了局部超声速区和局部激波。因为，实验中的翼型接近对称型且为正迎角，下翼面流管截面最细处比上翼面靠后，所以下表面等声速点的位置比上表面的靠后一些，局部超声速区和局部激波的位置也同样靠后。

飞行 Ma 继续增大，翼型上下表面的等声速线都前移，局部激波都后移，局部超声速区都扩大。但下表面的局部激波比上表面的后移得快些。这是因为，接近对称的薄翼型，在正迎角下，上翼面流线弯曲程度大一些，下翼面流线弯曲程度小一些。因此，上翼面的流管后段沿途扩张得较快，压力沿弦向的变化也比较快；而下翼面后段流管沿途扩张得比较慢，压力沿弦向的变化也比较慢。在飞行 Ma 增大的过程中,假如上下翼面的局部激波后移同样的距离,下翼面局部激波前后压力差自然增加得少一些,传播速度也自然加快得少一些。由此可见,下翼面的局部激波,要比上翼面的局部激波须向后移动更多的距离才能使其传播速度增大至与波前的超声速气流速度相等。所以说,翼型下表面的局部激波比上表面的向后移动得快一些,下表面局部激波的位置比上表面的靠后些。因此,当飞行 Ma 增大至一定程度,下表面的局部激波先移到后缘。

飞行 Ma 增大至接近 1 时,上表面的局部激波也移到后缘。此时,翼型后缘出现两道斜激波(称为后缘激波),上下表面几乎全是超声速区了。

飞行 Ma 大于 1 以后,翼型前缘出现前缘激波,后缘激波更向后倾斜,这时已是超声速了。

(3) 局部激波先在翼型上表面产生是有条件的,即翼型上表面的流速要比下表面大(如接近对称的薄翼型在小正迎角下飞行时)。

5. 画出翼型升力系数随 Ma 变化的曲线示意图,说明跨声速时的变化规律,并解释原因。

答:

(1) 翼型升力系数随 Ma 变化的曲线如图 5 - 3 - 2 所示。

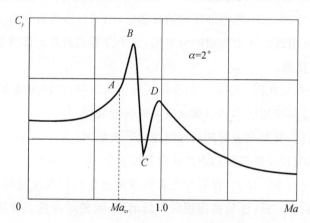

图 5 - 3 - 2　升力系数随 Ma 的变化

(2) 从图 5 - 3 - 2 中可以看出,在跨声速阶段,随飞行 Ma 的增大,升力系数先增大,随后减小,接着又增大。升力系数之所以有如此起伏变化,是翼型上下表面出现了局部超声速区和局部激波的结果。

如图 5 - 3 - 2 所示,点 A 之前的直线段对应飞行 Ma 约小于 0.3 时的情形,翼型上下表面是低速气流,低速时翼型的升力系数取决于迎角和翼型,基本不随 Ma 变化。

飞行 Ma 小于临界 $Ma(Ma_{cr})$ 时,翼型上下表面全是亚声速气流,升力系数按亚声速规律变化。即 Ma 增大,升力系数增大,如点 A 之前的曲线段所示。

飞行 Ma 超过 Ma_{cr} 后,升力系数随 Ma 的增大而迅速增加。此时翼型上表面已出现了局部超声速区和局部激波,并随 Ma 的增大而扩大。在超声速区里,流速不断增加,压力不断减小,即吸力不断增大。这种迅速增加的额外吸力导致升力系数迅速增大,如曲线 AB 段所示。

飞行 Ma 进一步增大,翼型下表面也出现局部超声速区,随着 Ma 增大,上下表面的局部超声速区都在扩展,由于下表面的局部超声速区比上表面的扩展得快,所以在 Ma 增大的过程中,翼型下表面产生的附加吸力更大,结果使翼型升力系数随飞行 Ma 的增大而减小,如曲线 BC 段所示。

在翼型下表面的局部激波移到后缘而上表面的局部激波尚未移到后缘的情况下,随着飞行 Ma 的增大,上表面的局部激波继续后移,超声速区向后继续扩大,上翼面的附加吸力不断增大。于是,升力系数又重新增大,如曲线 CD 段所示。

在 Ma 大于 1 以后的超声速阶段,翼型出现后缘激波和前缘激波,升力系数随飞行 Ma 的增大而不断下降,如点 D 之后的曲线段所示。

6. 跨声速飞行时,翼型波阻是怎样产生的?

答:

由于出现激波而产生的额外阻力称为跨声速飞行的激波阻力,简称波阻。产生原因如下。飞行 Ma 超过 Ma_{cr} 以后,翼型表面出现了局部超声速区和局部激波,局部超声速区内吸力增大,且吸力增加较多的地方位于翼型的中后段,故总的增加的吸力方向向后倾斜。由于增加的吸力向后倾斜,故翼型前后平行于飞行速度方向的压力差额外增加。这种由于增加的吸力向后倾斜所产生的阻力是跨声速阶段激波阻力产生的主要原因。

另外,激波与边界层干扰而引起的边界层气流分离也是激波阻力产生的原因之一。

7. 跨声速飞行时,翼型压力中心随飞行 Ma 是怎样变化的? 为什么?

答:

在跨声速飞行阶段,随飞行 Ma 增大,翼型压力中心先后移,接着前移,而后又后移。其原因如下。

飞行 Ma 超过临界马赫数 Ma_{cr} 后,翼型上表面首先出现了局部超声速区和局部激波。随 Ma 增大,激波后移,超声速区扩大。局部超声速区位于翼型中后段,且流速最快点位于激波前,这就引起翼型上表面中部和后段的吸力增大,产生正的附加升力 $\Delta Y'$,致使翼型压力中心向后移动。

飞行 Ma 继续增大,翼型下表面也出现局部超声速区和局部激波。由于下表面的局部激波靠后,并随 Ma 增大迅速移至后缘,这就引起翼型下表面后半段吸力增大,产生负的附加升力 $\Delta Y''$,致使压力中心前移。

当下表面局部激波移至后缘后,飞行 Ma 继续增大,由于上表面局部激波继续后移,超声速区扩大,后半部吸力增大,导致压力中心又后移。

8. 画出翼型阻力系数随 Ma 变化的曲线示意图,说明跨声速阶段阻力系数随 Ma 急剧增大的原因。

答:

(1) 翼型阻力系数随 Ma 变化的曲线如图 5-3-3 所示。

(2) 飞行 Ma 超过 Ma_{cr} 不多时,翼型上表面的局部超声速区范围很小,附加吸力不很大,向后倾斜得也不厉害,所以翼型前后压力差额外增加得不多,阻力系数在开始阶段增加得比较缓慢。

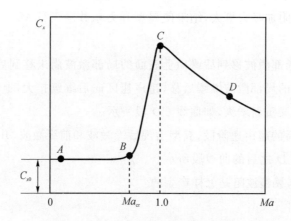

图 5 - 3 - 3　阻力系数随 Ma 的变化

　　随着飞行 Ma 进一步增大,翼型上表面的局部激波逐渐后移,超声速区不断扩大,附加吸力越往后越大,并且越向后倾斜靠近飞行速度方向;另外,下表面也产生局部超声速区和局部激波,附加吸力也向后倾斜。这就使翼型前后压力差显著增加,导致阻力系数急剧增加,如图 5 - 3 - 3 中曲线 BC 段所示。

　　9. 同一架飞机,以同一迎角和表速在不同的高度上作高速飞行,升力是否相同? 为什么? 以同一表速在不同高度上作水平飞行,迎角是否相同? 为什么?

　　答:

　　由升力公式 $Y = C_y \dfrac{1}{2}\rho_0 V_表^2$ 可知:

　　(1) 同一架飞机,以同一迎角和表速在不同的高度上做高速飞行,升力不同。

　　原因:升力计算公式中的 $\dfrac{1}{2}\rho_0 V_表^2$ 相同,但是不同高度上相同表速所对应的真速并不相同,由升力系数跨声速特性可知,当马赫数大于 0.3 后,真速不同会导致升力公式中 C_y 发生变化。

　　(2) 同一架飞机,以同一表速在不同高度上做水平飞行,迎角不同。

　　原因:飞机做水平飞行,则升力 Y 相同(均等于重力)。又已知 $\dfrac{1}{2}\rho_0 V_表^2$ 相同,故升力公式中 C_y 相同。因为不同高度上相同表速所对应的真速并不相同,由升力系数跨声速特性可知,若 C_y 相同,则迎角需要变化。

　　10. 同一架飞机,只要迎角不变,飞行速度或飞行高度变化时,升阻比是否变化? 为什么?

　　答:

　　(1) 由升力系数和阻力系数特性可知,当马赫数大于 0.3 后,升力系数随飞行速度的变化而变化,超过临界马赫数后,阻力系数随飞行速度的变化而变化,由于二者的变化趋势并不一致,所以飞行速度变化时升阻比会发生变化。

（2）同一真速下，不同飞行高度马赫数不同。由升力系数和阻力系数特性可知，当马赫数大于 0.3 后，升力系数和阻力系数的变化趋势不一致，所以飞行高度变化时，升阻比会发生变化。

11. 超声速飞行时，薄板翼型的升力和阻力是怎样产生的？

答：

当超声速气流以正迎角流过平板时，在上表面前缘，超声速气流绕外凸角流动，产生膨胀波。气流经过膨胀波后，以较大的速度沿平板上表面等速向后流去。在下表面前缘，气流相当于流过内凹角的壁面，方向内折，产生斜激波。气流经过斜激波后，以较小的速度沿平板下表面等速向后流去。流至后缘时情况正好相反，上表面产生后缘斜激波；下表面产生后缘膨胀波。气流流过斜激波和膨胀波后，以同一方向同一速度流离平板。

气流经过平板上表面前缘的膨胀波，膨胀加速，压力降低，产生吸力。气流经过下表面前缘的斜激波，压缩减速，压力增大，产生正压力。由于气流等速流过平板上下表面，所以吸力和正压力沿平板保持等值。可见，平板的总空气动力（R）作用在平板弦线的中点，并与平板垂直，即 $\bar{X}_{\text{压}}=0.5$。

R 沿垂直来流方向的分力为升力（Y）；沿平行来流方向的分力为阻力（X_{w}）。

12. 超声速飞行时，对称薄翼型的升力和阻力是怎样产生的？

答：

在小迎角（迎角小于前缘内折角）下，超声速气流经过翼型前缘，相当于绕内凹角流动，产生两道附体斜激波。超声速气流通过斜激波，方向偏转到翼型前缘的切线方向，随后沿翼型表面流动，这相当于绕外凸曲面流动，产生一系列膨胀波而连续膨胀加速。从翼型前缘发出的膨胀波，将与前缘激波相交，削弱激波使激波角减小，最后退化为弱扰动波。当上下翼面的超声速气流到达后缘时，由于上下气流指向不一致（二者之差为后缘角），压力也不相等，故又产生两道斜激波，使汇合后的气流具有相同的指向和压力。后缘激波延伸过程中，被翼面延伸出来的膨胀波削弱，最后变成弱扰动波。

在正迎角下，下翼面比上翼面气流转折角大，激波强度强，波后 Ma 小，压力大。因而上下翼面产生压力差，压力差总和垂直于远前方来流方向的分力，就是升力；而平行于远前方来流方向的分力，就是波阻。

13. 比较后掠翼与平直翼的跨声速阻力特性，并解释原因。

答：

飞行 Ma 超过 Ma_{cr} 而进入跨声速后，即产生波阻，波阻使阻力系数开始急剧增加。但不同后掠角的后掠翼同平直翼相比，阻力系数随 Ma 的变化趋势是不同的。

后掠角越大，同一飞行 Ma 下的阻力系数越小，阻力系数随 Ma 的变化趋势越缓和。这是因为后掠翼的空气动力取决于有效分速 V_{n} 的大小。有效分速引起的阻力 X_{n} 与有效分速 V_{n} 方向一致，即垂直于机翼前缘。而飞机阻力则与飞行速度方向平行。所以，有效分速产生的阻力 X_{n} 分解到平行于飞行速度方向的分力 X_{χ} 才是后掠翼的阻力。可见，即使后掠翼的有效分速（V_{n}）与平直翼的飞行速度相同时，后掠翼的阻力也小于平直翼的阻力。

此外,随着飞行速度的增大,有效分速与飞行速度之间的差别也越来越大,两者相对应的 Ma 差别也越大。同平直翼相比,当有效分速对应的 Ma(Ma_n)与平直翼的飞行马赫数相同时,后掠翼产生的阻力小,而且对应的飞行 Ma 大。所以,阻力系数随 Ma 变化的趋势比较缓和。后掠角越大,上述特点越突出。

14. 比较后掠翼与平直翼的跨声速升力特性,并解释原因。

答:

与平直翼相比,后掠翼的升力系数随 Ma 变化的趋势比较缓和,后掠角越大,升力系数变化越缓和。

这是因为,一方面后掠翼的临界马赫数 Ma_{cr} 比较大,使 C_y 显著增加对应的 Ma 增大。另一方面,C_y 在跨声速阶段的增减幅度比较小。只有当有效分速对应的 Ma(Ma_n)同平直翼取得最大或最小升力系数的 Ma 相等时,后掠翼的 C_y 才达到最大或最小。这时后掠翼的升力与平直翼处于最大或最小升力系数情况下的升力相等,但飞行 Ma 却比平直翼大得多。因此,折算出后掠翼的最大或最小升力系数值要比平直翼的小,即一定迎角下,后掠翼的 C_y 随 Ma 增减的幅度小。

此外,由于翼根效应和翼尖效应的存在,后掠翼沿翼展各处的局部超声速区和局部激波的产生和发展不一致,导致各剖面 C_y 的增减时机也各不相同,这也是造成后掠翼 C_y 随 Ma 变化缓和的原因。

15. 已知某型飞机质量为 5 400 kg,机翼面积为 22.6 m²,零升迎角为 0°,飞行 Ma 为 0.6 时的升力系数曲线斜率为 0.069(1/rad),求在 5 000 m 高度($\rho = 0.736\ 1\ \text{kg/m}^3$,$a = 321\ \text{m/s}$)以该 Ma 做水平飞行时的迎角和升力系数是多少?

解:

已知 $m = 5\ 400\ \text{kg}$,$S = 22.6\ \text{m}^2$,$\alpha_0 = 0$,$Ma = 0.6$,$C_y^a = 0.069(1/\text{rad})$,$H = 5\ 000\ \text{m}$,$\rho = 0.736\ 1\ \text{kg/m}^3$,$a = 321\ \text{m/s}$。

平飞升力系数:

$$C_y = \frac{2Y}{\rho V_\infty^2 S} = \frac{2 \times 5\ 400 \times 9.8}{0.736\ 1 \times (0.6 \times 321)^2 \times 22.6} = 0.171\ 5$$

因为 $C_y = C_y^a (\alpha - \alpha_0)$,所以

$$\alpha = \frac{C_y}{C_y^a} + \alpha_0 = \left(\frac{0.171\ 5}{0.069} + 0 \right)^\circ = 2.49^\circ$$

16. 简述亚声速前缘和超声速前缘的概念?某型飞机的后掠角 $\chi = 55°$,最大允许 Ma 为 1.6,其是亚声速前缘还是超声速前缘?某型飞机的 $\chi = 57°$,最大允许 Ma 为 2.05,其是亚声速前缘还是超声速前缘?

解:

(1) 空气流过后掠翼或三角翼,如果气流相对于前缘分速度 V_n 小于声速,即 $Ma_n < 1$,则该前缘为亚声速前缘;若 $Ma_n > 1$,则该前缘为超声速前缘。

(2) ① 某型飞机 $\chi = 55°$,$Ma_{max} = 1.6$。

当 $Ma_{max} = 1.6$ 时,垂直前缘分速 $Ma_{n,max} = Ma_{max}\cos\chi = 1.6 \times \cos 55° = 0.9177 < 1$。故该型飞机垂直前缘分速 $Ma_n \leqslant Ma_{n,max} = 0.9177 < 1$,即前缘为亚声速前缘。

② 某型飞机 $\chi = 57°$,$Ma_{max} = 2.05$。

当 $Ma_{max} = 2.05$ 时,垂直前缘分速 $Ma_{n,max} = Ma_{max}\cos\chi = 2.05 \times \cos 57° = 1.117 > 1$。

当 $Ma_n = Ma \cdot \cos\chi = 1$ 时,前缘为声速前缘,此时 $Ma = \dfrac{1}{\cos\chi} = \dfrac{1}{\cos 57°} = 1.836$。故该型飞机中,当 $Ma < 1.836$ 时,前缘为亚声速前缘;当 $1.836 < Ma \leqslant 2.05$ 时,前缘为超声速前缘。

17. 简述跨声速面积律和超声速面积律的含义。

答:

(1) 跨声速面积律含义是:小展弦比机翼和细长旋成体机身的组合体,在跨声速阶段的零升波阻系数增量 ΔC_{x0},在一定条件下,主要取决于组合体横截面积(即迎风面积)沿机身纵轴方向的分布,而与组合体的外形没有关系。

(2) 超声速面积律含义是:在一定 $Ma_\infty(Ma_\infty > 1)$ 下,翼身细长组合体的零升波阻取决于此 Ma_∞ 相对应的斜切投影面积 S_n 的轴向分布,而与组合体的几何外形无关。

18. 简述附着流型、脱体涡流型和混合流型的概念。它们各有什么优缺点?

答:

(1) 中等后掠角和展弦比的机翼,气流是附着在机翼表面上,到后部才分离,这种流型称为附着流型。这种机翼在小迎角下升阻特性好,但大迎角下气流易分离。

(2) 大后掠角小展弦比机翼上的气流是脱体涡流型。脱体涡能产生较大的涡升力,可提高大迎角下的升力系数曲线斜率,但在小迎角下由于前缘气流分离,失去了前缘吸力,因而压差阻力大。

(3) 混合流型就是在一个翼面上同时存在着附着流型和脱体涡流型。在亚声速范围内且迎角不太大的情况下,气流从边条前缘分离,产生强烈的脱体涡,而机翼外侧部分保持附着流型。此时,内翼是脱体涡流型,外翼是附着流型。边条翼就是按混合流型概念设计的,升力系数要明显高于无边条机翼。

5.4　章节自测

5.4.1　单选题

1. 飞机进入超声速飞行的标志是(　　　)。

A. 飞行马赫数大于临界马赫数

B. 在机翼上表面最大厚度点附近形成了等声速

C. 在机翼上表面形成局部的超声速区

D. 机翼表面流场全部为超声速流场

2. 飞机在对流层中匀速上升时,随着飞行高度的增加,飞机飞行马赫数(　　)。

A. 保持不变　　　　　B. 逐渐增加　　　　　C. 逐渐减小　　　　　D. 先增加后减小

3. 关于飞机失速,下列说法正确的是(　　)。

A. 飞机失速是通过加大发动机动力就可以克服的飞行障碍

B. 亚声速飞行只会出现大迎角失速

C. 高亚声速飞行只会出现激波失速

D. 在大迎角或高速飞行状态下都可能出现飞机失速现象

4. 随着飞机飞行马赫数的提高,翼型焦点位置(　　)。

A. 在跨声速飞行阶段变化比较复杂　　　　B. 连续变化,从 25％后移到 50％

C. 连续变化,从 50％前移到 25％　　　　D. 一直保持不变

5. 通过(　　)可以判断激波对气流产生阻力。

A. 激波后空气的温度升高　　　　B. 激波后气流的速度下降

C. 激波后空气的静压升高　　　　D. 激波后气流的动压下降

6. 飞机的飞行马赫数等于临界马赫数时,机翼上表面(　　)。

A. 首次出现局部激波　　　　B. 首次出现等声速点

C. 流场中形成局部超声速区　　　　D. 局部激波诱导的边界层分离

7. 层流翼型的特点是前缘半径比较小,最大厚度点靠后,它的作用是(　　)。

A. 使上翼面气流加速比较缓慢,压力分布比较平坦,可以提高临界马赫数

B. 使上翼面气流很快被加速,压力分布比较平坦,可以提高临界马赫数

C. 上翼面气流加速比较缓慢,在前缘形成吸力峰,可以提高升力系数

D. 使上翼面气流很快被加速,在前缘形成吸力峰,可以提高升力系数

8. 飞机机翼采用相对厚度、相对弯度比较大的翼型是因为(　　)。

A. 可以减小波阻　　　　B. 得到比较大的升力系数

C. 提高临界马赫数　　　　D. 使边界层保持层流状态

9. 高速飞机机翼采用的翼型是(　　)。

A. 相对厚度比较小,相对弯度比较大,最大厚度点靠后的薄翼型

B. 相对厚度比较小,相对弯度比较小,最大厚度点靠后的薄翼型

C. 相对厚度比较小,相对弯度比较小,最大厚度点靠前的薄翼型

D. 相对厚度比较小,相对弯度比较大,最大厚度点靠前的薄翼型

10. 下列不属于高速飞机的空气动力外形特点的是(　　)。

A. 对称或接近对称翼型的机翼　　　　B. 平面形状为矩形的机翼

C. 细而长的飞机机身　　　　D. 薄对称翼型的尾翼

11. 下列不属于高速飞机机翼的翼型特点的是(　　)。

A. 机翼相对厚度较小　　　　　　　　B. 最大厚度位置靠近翼弦中部

C. 机翼前缘曲率半径较小　　　　　　D. 机翼前缘曲率半径较大

12. 空气对机体进行的气动加热(　　)。

A. 是由于气流的动能转变为压力能对机体表面进行的加热

B. 气动载荷使机体结构发生变形而产生的温度升高

C. 在同温层底部飞行时不存在

D. 是由于气流的动能转变为热能对机体表面进行的加热

13. 气流产生下洗是由于(　　)。

A. 分离点后出现旋涡的影响　　　　　B. 转捩点后湍流的影响

C. 机翼上下表面存在压力差的影响　　D. 迎角过大失速的影响

14. 对于后掠机翼而言(　　)。

A. 翼尖首先失速比翼根首先失速更有害

B. 翼根首先失速比翼尖首先失速更有害

C. 翼尖首先失速和翼根首先失速均有害

D. 程度相等的翼尖和翼根失速对飞行无影响

15. 后掠机翼接近临界迎角时,下列说法正确的是(　　)。

A. 机翼的压力中心向后移,机头上仰,迎角进一步增大

B. 机翼的压力中心向前移,机头上仰,迎角进一步增大

C. 机翼的压力中心向后移,机头下沉,迎角减小

D. 机翼的压力中心向前移,机头下沉,迎角减小

16. 下面的辅助装置中,能防止翼尖失速的是(　　)。

A. 扰流板　　　　　　　　　　　　　B. 翼刀和锯齿形前缘

C. 整流片　　　　　　　　　　　　　D. 前缘襟翼

17. 采用后掠机翼提高临界马赫数的原因是(　　)。

A. 后掠角使气流产生了沿机翼展向的流动

B. 经翼型加速产生升力的有效速度减小了

C. 翼根处边界层的厚度比翼梢处边界层的厚度薄

D. 形成了斜对气流的激波

18. 当气流流过带有后掠角的机翼时,垂直机翼前缘的气流速度(　　)。

A. 是产生升力的有效速度

B. 在沿机翼表面流动过程中,大小不发生变化

C. 大于来流的速度

D. 会使机翼翼尖部位的边界层加厚

19. 当气流流过带有后掠角的机翼时,平行机翼前缘的速度( )。

A. 沿机翼展向流动,使机翼尖部位边界层的厚度减小

B. 被用来加速产生升力

C. 小于来流的速度,所以临界马赫数提高了

D. 使后掠机翼的失速特性不好

20. 小展弦比机翼在改善飞机空气动力特性方面起的作用是( )。

A. 机翼面积相同的情况下,减小机翼相对厚度,加速上翼面气流流速,提高临界马赫数

B. 机翼面积相同的情况下,加大机翼的相对厚度,提高升力系数

C. 机翼面积相同的情况下,减小机翼的相对厚度,减小波阻

D. 机翼面积相同的情况下,减小机翼的展长,提高临界马赫数

21. 下列不属于后掠机翼的气动外形特点的是( )。

A. 临界马赫数比平直机翼高

B. 阻力系数小

C. 升力系数和阻力系数随马赫数变化缓和

D. 升力系数小

22. 机翼的后掠角是为了( )。

A. 增大升阻比   B. 增大临界迎角

C. 增大临界马赫数   D. 增大着陆速度以防止飞机失速

23. 后掠机翼在接近失速状态时( )。

A. 应使翼尖先于翼根失速,失速状态减小

B. 应使翼根先于翼尖失速,利于从失速状态恢复

C. 调整两侧机翼同时失速,效果平均,利于采取恢复措施

D. 应使机翼中部先失速而不影响舵面操作,利于控制失速

5.4.2 多选题

24. 飞机在飞行中出现的失速现象的原因是( )。

A. 翼尖出现较强的旋涡,产生很大的诱导阻力

B. 由于迎角达到临界迎角,造成机翼上表面边界层大部分分离

C. 飞行马赫数超过临界马赫数之后,机翼上表面出现局部激波诱导的气流分离

D. 由于机翼表面粗糙,使边界层由层流变为湍流

25. 当飞机的飞行速度超过临界速度,飞行阻力迅速增大的原因是( )。

A. 局部激波对气流产生较大的波阻

B. 边界层由层流变为湍流,产生较大的摩擦阻力

C. 局部激波诱导边界层分离产生较大的压差阻力

D. 局部激波诱导边界层分离产生较大的摩擦阻力

26. 当飞机飞行速度超过临界速度之后,在机翼表面首次出现了局部激波,(　　　)。

A. 局部激波的前面形成了局部超声速区域,飞机进入超声速飞行

B. 局部激波是正激波

C. 随着飞行速度的继续提高,局部激波向后移

D. 在局部激波的后面仍为超声速气流,飞机仍处于亚声速飞行

27. 关于现代高速飞机通常采用的"高度翼剖面",下列说法正确的是(　　　)。

A. 相对厚度较小　　　　　　　　　　B. 对称形或接近对称形

C. 前缘曲率半径较大　　　　　　　　D. 最大厚度位置靠近翼弦中间

28. 飞机焦点的位置(　　　)。

A. 随仰角变化而改变　　　　　　　　B. 不随仰角变化而改变

C. 从亚声速进入超声速时后移　　　　D. 从亚声速进入超声速时前移

29. 关于激波,下列说法正确的是(　　　)。

A. 激波是空气受到强烈压缩而形成的薄薄的、稠密的空气层

B. 激波是强扰动波,在空气中的传播速度等于声速

C. 激波的形状只与飞机的外形有关

D. 激波是超声速气流流过带有内折角物体表面时形成的强扰动波

30. 关于膨胀波,下列说法正确的是(　　　)。

A. 当超声速气流流过扩张流管时,通过膨胀波加速

B. 膨胀波在空气中的传播速度是声速

C. 超声速气流通过膨胀波后,气流的速度、温度、压力等发生突变

D. 气流流过带有外折角的物体表面时,通过膨胀波加速

31. 关于气流加速,下列说法正确的是(　　　)。

A. 只要用先收缩后扩张的流管就可以将亚声速气流加速到超声速

B. 气流是在拉瓦尔喷管的扩张部分加速成为超声速气流

C. 在拉瓦尔喷管收缩部分得到加速的是亚声速气流

D. 在拉瓦尔喷管的喉部达到超声速

32. 稳定流动状态的超声速气流,流过管道剖面面积变大的地方(　　　)。

A. 流速减小　　　　B. 流速增大　　　　C. 压强降低　　　　D. 压强增高

33. 层流翼型是高亚声速飞机采用比较多的翼型,它的优点是(　　　)。

A. 可以减小摩擦阻力

B. 可以提高临界马赫数

C. 可以减小干扰阻力

D. 与超临界翼型相比,有比较好的跨声速气动特性

34. 对高速飞机气动外形设计的主要要求是(　　)。

A. 提高飞机的临界马赫数　　　　　　　B. 减小诱导阻力

C. 减小波阻　　　　　　　　　　　　　D. 保持层流边界层

35. 下列叙述错误的是(　　)。

A. 飞机以亚声速飞行时,在飞机上肯定会产生激波

B. 飞行马赫数小于临界马赫数,飞机上不会出现任何激波

C. 临界马赫数只能小于1,不能等于或大于1

D. 飞机以亚声速飞行时,在飞机上可能会产生局部激波

36. 超临界翼型的特点是(　　)。

A. 上翼面气流加速比较快,所以它的临界马赫数比较大

B. 一旦出现局部激波,激波的位置靠后,减少波阻

C. 一旦出现局部激波,激波的强度比较大,减小波阻

D. 超临界翼型的跨声速气动特性比层流翼型好

37. 飞机长时间地进行超声速飞行,气动加热(　　)。

A. 只会使机体表面的温度升高　　　　B. 会使机体结构金属材料的机械性能下降

C. 会影响无线电、航空仪表的工作　　D. 会使非金属材料的构件不能正常工作

38. 飞机进行超声速巡航飞行时(　　)。

A. 气动加热会使机体表面的温度升高,对座舱的温度没有影响

B. 气流的动能过大,减速转变为压力能时,对机体表面进行的气动加热比较严重

C. 气动加热会使结构材料的机械性能下降

D. 气动加热会使机体结构热透

39. 后掠机翼的失速特性不好是指(　　)。

A. 和翼根相比,翼尖部位更容易发生边界层分离

B. 和翼尖相比,翼根部位更容易发生边界层分离

C. 沿翼展方向气流速度增加

D. 翼根和翼尖部位同时产生边界层分离

40. 下列机翼中可以提高临界马赫数的是(　　)。

A. 小展弦比机翼　　　B. 大展弦比机翼　　　C. 平直机翼　　　　D. 后掠机翼

41. 飞机的机翼设计成后掠机翼为了(　　)。

A. 提高临界马赫数　　　　　　　　　　B. 减小波阻

C. 增加飞机升力　　　　　　　　　　　D. 改善飞机的低速飞行性能

42. 关于后掠机翼失速特性,下列说法正确的是(　　)。

A. 一旦翼尖先于翼根失速,会造成机头自动上仰,导致飞机大迎角失速

B. 产生升力的有效速度增加,使后掠机翼的失速特性变坏

C. 翼根部位边界层先分离会使副翼的操纵效率下降

D. 机翼表面安装的翼刀可以改善后掠机翼失速特性

43. 为了改善飞机的跨声速空气动力特性和减小波阻,可以采用(　　)。

A. 层流翼型的机翼

B. 采用前缘尖削对称薄翼型的机翼

C. 三角形机翼

D. 带有大后掠角的机翼

5.5　章节自测参考答案

1. D	2. B	3. D	4. A	5. A	6. B
7. A	8. B	9. B	10. B	11. D	12. D
13. C	14. A	15. B	16. B	17. B	18. A
19. D	20. C	21. D	22. C	23. B	24. BC
25. AC	26. BC	27. ABD	28. BC	29. AD	30. AB
31. BC	32. BC	33. AB	34. AC	35. AC	36. BD
37. BCD	38. CD	39. AC	40. AD	41. AB	42. AD
43. BCD					

第6章　螺旋桨的性能

6.1　知识要点

本章主要介绍螺旋桨拉力的产生及其变化规律,以及有关螺旋桨的功率、效率、负拉力和副作用等内容。通过本章学习,学生能够掌握螺旋桨的分类和参数,阐述螺旋桨拉力的产生和变化,归纳总结螺旋桨的副作用及其产生的原因,并分析螺旋桨副作用对飞行的影响。

6.1.1　基本概念

1. 螺旋桨直径

螺旋桨旋转时,桨尖所画圆的直径称为螺旋桨直径(D)。该圆的半径称为螺旋桨半径(R)。由螺旋桨旋转轴线至某一剖面的距离称为该剖面的半径(r)。比值 r/R 称为相对半径($\bar{r}$)。

2. 桨　弦

桨叶剖面前缘与后缘的连线称为桨弦(b),或桨叶宽度。桨叶宽度与螺旋桨直径之比(b/D)称为桨叶相对宽度($\bar{b}$)。

3. 桨叶厚度

桨叶剖面的最大厚度称为该剖面的桨叶厚度(c)。桨叶厚度与该剖面的桨弦之比(c/b)称为桨叶厚弦比($\bar{c}$)。

4. 旋转面

桨叶旋转时所画的平面称为旋转面,它与桨轴垂直。

5. 桨叶角

桨弦与旋转面之间的夹角称为桨叶角(ϕ)。桨叶角不能改变的螺旋桨为定距螺旋桨;桨叶角能够改变的螺旋桨为变距螺旋桨。桨叶角增大,称为变大距;桨叶角减小,称为变小距。

对于几何扭转的桨叶,通常用 $r=0.75R$ 处桨叶剖面的桨叶角代表整个桨叶的桨叶角。

6. 前进比

飞行速度 V 同螺旋桨的转速 n 与直径 D 的乘积之比称为前进比,前进比一般用 λ 表示,即

$$\lambda = \frac{V}{nD}$$

7. 桨叶迎角

桨叶剖面相对气流方向与桨弦之间的夹角称为桨叶迎角(α)。桨叶迎角随桨叶角、飞行速度和转速的改变而变化。

8. 拉　力

桨叶总空气动力的一个与桨轴平行的分力,称为拉力(P)。

9. 旋转阻力

桨叶总空气动力的一个与桨轴垂直、阻碍螺旋桨旋转的分力,称为旋转阻力(Q)。

10. 螺旋桨滑流

螺旋桨旋转时,桨叶拨动空气,使空气向后加速流动,并向螺旋桨旋转方向扭转。这股被螺旋桨拨动而向后加速和扭转的气流,称为螺旋桨的滑流。滑流速度(V)与飞机远前方相对气流速度(V_∞)之间的夹角称为滑流扭转角。

11. 螺旋桨进动

对于螺旋桨飞机来说,当飞机俯仰转动或偏转时,即改变螺旋桨转轴方向时,会由于螺旋桨的陀螺效应而产生陀螺力矩使机头绕另一个轴转动,这种现象称为螺旋桨进动。

12. 螺旋桨的反作用力矩

螺旋桨在转动中会产生旋转阻力,旋转阻力对桨轴形成的力矩称为螺旋桨的反作用力矩。

13. 气流斜吹

飞行中,飞行速度方向(相对气流方向)与桨轴方向不平行,即相对气流斜着吹向螺旋桨,这种现象称为气流斜吹。

14. 螺旋桨旋转所需功率

带动螺旋桨旋转所消耗的功率,称为螺旋桨旋转所需功率,用 $N_{桨需}$ 表示。

15. 螺旋桨有效功率

螺旋桨的拉力在单位时间内对飞机所做的功,称为螺旋桨有效功率,或螺旋桨推进功率,用 $N_桨$ 表示,等于拉力与飞行速度的乘积。

16. 螺旋桨效率

螺旋桨有效功率与发动机有效功率之比,称为螺旋桨效率,用 η 表示。

17. 顺　桨

顺桨是指在发动机空中停车后,通过专门机构将飞机的桨叶转到与飞行方向接近平行(即桨叶角增大到 $90°$ 左右)状态的操纵动作。

18. 回　桨

桨叶从顺桨位置回到一般桨叶位置称为回桨。

6.1.2　基本理论和基本方程

1. 拉力的产生

螺旋桨的拉力是由各个桨叶的拉力所构成的。因为桨叶的剖面形状与机翼剖面相似,所以螺旋桨产生拉力的原理和机翼产生升力的原理基本相同。

由于螺旋桨桨叶的剖面形状与机翼的剖面相似,所以相对气流流过桨叶的前桨面,就像流过机翼上表面一样,流管变细,流速加快,压力降低;相对气流流过桨叶的后桨面,就像流过机翼下表面一样,流管变粗,流速减慢,压力升高。桨叶前后桨面形成压力差,压力差的总和就是桨叶的总空气动力(R)。

桨叶总空气动力可以分解为两个分力,一个与桨轴平行,称为拉力,另一个与桨轴垂直,阻碍螺旋桨旋转,称为旋转阻力。

2. 螺旋桨拉力在飞行中的变化

现代螺旋桨飞机都采用能自动保持转速不变的恒速螺旋桨,因此拉力主要随飞行速度、油门位置和飞行高度而变化。

(1) 拉力随飞行速度的变化

飞行速度和螺旋桨拉力之间有着互相联系和互相制约的关系。这种关系表现在两个方面。一是拉力直接决定飞行速度,如增大速度,通常都要增大拉力。二是飞行速度改变以后,又反过来使拉力发生变化。例如,在油门位置、飞行高度不变的条件下,随着飞行速度的增大,拉力逐渐减小。

（2）拉力随油门位置的变化

在飞行速度和高度不变的条件下，加油门，螺旋桨拉力将增大。反之，收油门，则拉力减小。

（3）拉力随飞行高度的变化

飞行速度和油门位置不变，飞行高度改变，空气密度变化，发动机有效功率发生变化，拉力也发生变化。

对于吸气式活塞发动机来说，随着飞行高度的升高，发动机有效功率一直降低，所以螺旋桨的拉力也一直减小。

对于增压式活塞发动机来说，在额定高度以下，高度升高，发动机有效功率增大，拉力也增大。在额定高度以上，高度升高，发动机有效功率减小，拉力也减小。在额定高度上，拉力最大。

3. 螺旋桨的副作用

螺旋桨在工作过程中，除能产生拉力外，还会产生一些副作用（螺旋桨的滑流、螺旋桨进动、螺旋桨反作用力矩和气流斜吹等），给飞机的正常飞行带来不利影响。

（1）螺旋桨滑流

螺旋桨旋转时，桨叶拨动空气，使空气向后加速流动，并向螺旋桨旋转方向扭转。

例如，某初教机的螺旋桨是向左旋转的，滑流流过机翼时，被分成上下两层。上层滑流自右向左后方扭转，下层滑流自左向右后方扭转。垂直尾翼和机身尾部主要受上层滑流的影响。所以，在垂直尾翼和机身尾部产生向左的侧力（$Z_{扭转}$），对飞机重心形成右偏力矩，迫使机头向右偏转。同理，右转螺旋桨飞机的滑流扭转作用会使机头产生左偏的力矩。

螺旋桨滑流扭转作用的强弱主要取决于发动机功率。在速度不变时，发动机功率增大，滑流扭转角和滑流速度同时增大，致使垂直尾翼和机身尾部上向左的侧力增大，机头右偏力矩增大。反之，收油门，机头右偏的力矩减小。

在油门位置不变，即发动机功率不变的条件下，当飞行速度增大时，滑流扭转角变小，这抵消了动压增大的影响，使得偏转力矩基本不变。所以，滑流的扭转作用可以近似认为不随飞行速度变化。

在飞行中，螺旋桨滑流不仅影响飞机的方向平衡，还影响飞机的俯仰平衡。其影响随油门的加大而增强，随油门的收小而减弱。为了克服这一影响，应在改变油门位置时，操纵杆舵进行修正。

（2）螺旋桨进动

飞行中，飞机发动机和其他转动部件，在飞机转动时由于陀螺效应进而产生陀螺力矩，该力矩使飞机进动。例如，某初教机做斤斗飞行，飞机不断地上仰转动，此时螺旋桨的陀螺力矩使机头向左偏转。为防止机头左偏，飞行员应相应地蹬右舵修正。这里还应该指出，不仅螺旋桨飞机有进动，喷气式飞机的发动机转子也能产生陀螺力矩使飞机进动，从而给机动飞行带来影响。

（3）螺旋桨反作用力矩

螺旋桨在转动中会产生旋转阻力，旋转阻力对桨轴形成的力矩称为螺旋桨的反作用力矩。

这个力矩通过发动机传给飞机,迫使飞机向螺旋桨转动的反方向倾斜。

飞行中,对恒速螺旋桨而言,螺旋桨反作用力矩的大小正比于发动机功率,功率越大反作用力矩越大。

为了克服螺旋桨反作用力矩对飞行的影响,有的飞机调整重心位置,使重心偏出对称面一定距离,利用飞机升力对重心的滚转力矩抵消反作用力矩的作用。

因为反作用力矩的大小随发动机功率而变,所以在加减油门的同时,还需要相应地压杆修正反作用力矩的影响。

（4）气流斜吹

飞行中,飞行速度方向（相对气流方向）与桨轴方向不平行,即相对气流斜着吹向螺旋桨。在气流斜吹的情况下,螺旋桨会产生拉力力矩和侧力力矩,对飞行有一定的影响。右转螺旋桨气流斜吹产生的拉力力矩和侧力力矩方向与左转螺旋桨刚好相反。

螺旋桨拉力力矩和侧力力矩的大小取决于油门及飞行速度方向与桨轴之间夹角的大小。油门越大,拉力力矩和侧力力矩越大,飞行速度方向与桨轴之间的夹角越大,拉力力矩和侧力力矩也越大。相反,若油门及飞行速度方向与桨轴之间的夹角减小,则拉力力矩和侧力力矩都减小。

飞行中,螺旋桨在气流斜吹的情况下会产生的拉力力矩和侧力力矩,进而影响飞机的俯仰平衡和方向平衡。飞行员应当根据具体情况,相应地操纵杆、舵,以克服拉力力矩和侧力力矩的影响。应该指出的是,拉力力矩因其力臂较短,其值不大,对飞行的影响常可忽略。

4. 螺旋桨的基本工作状态

根据螺旋桨空气动力特点,可以将螺旋桨的工作状态分为以下五种,如图 6-1-1 所示,图中各矢量方向均指螺旋桨桨叶转至图示瞬间位置时的矢量方向。

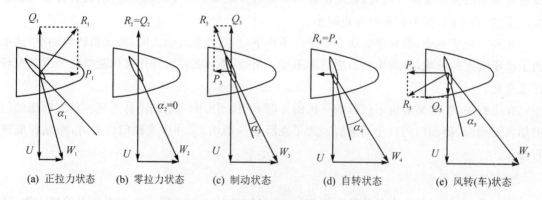

(a) 正拉力状态　　(b) 零拉力状态　　(c) 制动状态　　(d) 自转状态　　(e) 风转(车)状态

图 6-1-1　螺旋桨基本工作状态示意图

（1）正拉力状态

正拉力状态下,桨叶迎角为正,产生正拉力（见图 6-1-1(a)）,螺旋桨由涡轮带动旋转。

（2）零拉力状态

零拉力状态下,桨叶迎角很小,螺旋桨的总空气动力 R_2 同旋转面一致,只起旋转阻力作用（$Q_2 = R_2$）,拉力等于零（见图 6-1-1(b)）,螺旋桨仍由涡轮带动旋转。

（3）制动状态

制动状态下，桨叶迎角极小或为负迎角，前桨面的压力大于后桨面的压力，空气动力 R_3 指向后上方（见图 6 - 1 - 1(c)）。此时，R_3 平行于桨轴的分力指向后方，形成负拉力（P_3）；垂直于桨轴的分力（Q_3）仍然阻止螺旋桨旋转，所以螺旋桨仍由涡轮带动转动。

（4）自转状态

自转状态下，空气动力 R_4 同桨轴平行，指向后方（见图 6 - 1 - 1(d)），全部起负拉力作用（$R_4 = P_4$），旋转阻力等于零。此状态下，螺旋桨不是靠涡轮带动旋转，而是靠自身的惯性旋转，因此又称为惯性转动状态。

（5）风转（车）状态

风转（车）状态下，桨叶负迎角较大，空气动力 R_5 指向后下方，其平行于桨轴的分力（P_5）仍为负拉力；而垂直桨轴的分力（Q_5）变为和螺旋桨旋转的方向一致，成了推动螺旋桨继续沿原来转动方向旋转的动力（见图 6 - 1 - 1(e)）。这种状态和风车相似，所以称为风转（车）状态。

5. 螺旋桨的负拉力

（1）发动机正常工作时产生负拉力

从螺旋桨的基本工作状态可知，螺旋桨的负拉力仅在桨叶迎角很小或变为负值时产生。飞行中，如果发动机和螺旋桨的工作都正常，在下述几种情况下也会产生负拉力：

① 在油门位置不变的情况下飞行速度过大；

② 收油门过多或收油门时忽视外界大气温度；

③ 螺旋桨桨叶结冰。

（2）发动机空中停车时产生负拉力

发动机在空中停车后，涡轮所产生的扭力矩很快消失，转速有下降趋势，螺旋桨调速器使桨叶变低距，减小桨叶角。如果不顺桨，桨叶角将减小到使桨叶迎角变为负迎角，螺旋桨呈风车工作状态，产生负拉力和负旋转阻力，由负旋转阻力带动发动机压缩器等部件旋转。因此，发动机在空中停车后要及时顺桨。

6.1.3　常用公式

1. 拉力公式

$$P = C_P \rho n^2 D^4 \tag{6-1-1}$$

式中，n——螺旋桨转速，r/min；

　　　ρ——大气密度，kg/m³；

　　　C_P——拉力系数，它综合表示了桨叶迎角、合速度方向、桨叶形状及数目、飞行 Ma 等因素对拉力的影响，其大小由实验确定。

2. 螺旋桨陀螺力矩

$$M_{进} = J\Omega\omega \tag{6-1-2}$$

式中，$M_{进}$——陀螺力矩，$N \cdot m$；

　　J——发动机和螺旋桨转动惯量，$kg \cdot m^2$；

　　Ω——螺旋桨旋转角速度，s^{-1}；

　　ω——飞机俯仰转动和偏转角速度的合角速度，s^{-1}。

3. 螺旋桨旋转所需功率

$$N_{桨需} = M\omega \tag{6-1-3}$$

式中，ω——螺旋桨旋转时的角速度，$\omega = 2\pi n$，s^{-1}。

可以证明 $N_{桨需}$ 满足

$$N_{桨需} = \beta\rho n^3 D^5 \tag{6-1-4}$$

式中，β——螺旋桨功率系数。

螺旋桨的功率系数 β 的大小取决于桨叶角、前进比、桨叶的形状、飞行马赫数以及雷诺数，β 值大小由实验确定。

4. 螺旋桨有效功率

$$N_{桨} = P \cdot V \tag{6-1-5}$$

5. 螺旋桨效率

$$\eta = \frac{N_{桨}}{N_{有效}} \tag{6-1-6}$$

式中，$N_{有效}$——发动机有效功率。

螺旋桨效率是衡量螺旋桨性能好坏的重要标志。螺旋桨效率高，表明发动机有效功率损失少，螺旋桨的性能越好。现代螺旋桨效率最高可达 90%。

螺旋桨等速旋转时，发动机有效功率与螺旋桨旋转所需功率相等，即

$$N_{有效} = N_{桨需}$$

故螺旋桨效率又可写为

$$\eta = \frac{N_{桨}}{N_{桨需}} = \frac{C_P \rho n^2 D^4 V}{\beta\rho n^3 D^5} = \frac{C_P V}{\beta n D} = \frac{C_P}{\beta}\lambda \tag{6-1-7}$$

6.1.4　常见问题

1. 桨叶迎角与桨叶角

桨叶角是指桨弦与旋转面之间的夹角。桨叶迎角是指桨弦与相对气流之间的夹角，桨叶

迎角随桨叶角、飞行速度和转速的改变而变化。

2. 螺旋桨的副作用

在实际飞行中,螺旋桨的副作用同时存在并且影响飞机姿态。但是,每种副作用的产生机理及其影响程度并不一样。因此,在某些飞行情况下,有些副作用表现得比较强烈,而有些副作用则表现得较弱,甚至可以忽略。例如,在地面滑跑阶段,主要表现出的副作用是滑流;在进行斤斗机动时,主要表现出的副作用是进动。所以,在实际飞行中要根据实际情况具体问题具体分析,针对偏差及时进行修正。

6.2　典型题目解析

已知在海拔为 0 m 时,飞行速度为 50 m/s,某螺旋桨转速为 6 000 r/min,推力为 200 N,需用功率为 15 kW。在海拔 3 000 m 情况下,飞行速度和转速都相同,计算该螺旋桨的推力和需用功率。

解:

已知两种条件下前进比相等,即

$$\lambda_{H=0} = \lambda_{H=3\,000}$$

若忽略雷诺数和马赫数的影响,则两个高度下螺旋桨的工作性能相似,即

$$C_{P,H=0} = C_{P,H=3\,000}$$

$$\beta_{H=0} = \beta_{H=3\,000}$$

海拔为 0 m 时,大气密度为 1.225 kg/m³;海拔为 3 000 m 时,大气密度为 0.909 1 kg/m³。因此可知

$$\left.\frac{P}{\rho n^2 D^4}\right|_{H=0} = \left.\frac{P}{\rho n^2 D^4}\right|_{H=3\,000}$$

由于转速和直径相等,得

$$\frac{P_{H=0}}{\rho_{H=0}} = \frac{P_{H=3\,000}}{\rho_{H=3\,000}}$$

$$P_{H=3\,000} = \frac{\rho_{H=3\,000}}{\rho_{H=0}} P_{H=0} = 148.4 \text{ N}$$

同理,功率的换算公式类似:

$$N_{H=3\,000} = \frac{\rho_{H=3\,000}}{\rho_{H=0}} N_{H=0} = 9.893 \text{ kW}$$

经过计算后可知,该螺旋桨在海拔 3 000 m 时使用的推力为 148.4 N,需用功率为 9.893 kW。

注:对于给定的螺旋桨,应用螺旋桨相似准则,可以换算不同飞行高度和不同飞行速度、转速条件下的螺旋桨性能。

6.3　思考题详解

1. 解释下列名词。

（1）桨叶角；（2）桨叶迎角；（3）螺旋桨；（4）有效功率；（5）螺旋桨效率；（6）螺旋桨滑流；（7）螺旋桨进动。

答：

（1）桨叶角：桨叶剖面前缘与后缘的连线称为桨弦（b），桨弦与旋转面之间的夹角称为桨叶角（ϕ）。

（2）桨叶迎角：桨叶剖面相对气流方向与桨弦之间的夹角，称为桨叶迎角（α）。

（3）螺旋桨有效功率：螺旋桨的拉力在单位时间内对飞机所做的功称为螺旋桨有效功率。螺旋桨有效功率用 $N_桨$ 表示，等于拉力与飞行速度的乘积。

（4）螺旋桨效率：螺旋桨有效功率与发动机有效功率之比，称为螺旋桨效率，用 η 表示，即

$$\eta = \frac{N_桨}{N_{有效}}$$

（5）螺旋桨滑流：螺旋桨旋转时，桨叶拨动空气，使空气向后加速流动，并向螺旋桨旋转方向扭转。这股被螺旋桨拨动而向后加速和扭转的气流称为螺旋桨的滑流。

（6）螺旋桨进动：对于螺旋桨飞机来说，当飞机俯仰转动或偏转时，即改变螺旋桨转轴方向时，会由于螺旋桨的陀螺效应而产生陀螺力矩使机头绕另一个轴转动，这种现象称为螺旋桨进动。

2. 桨叶迎角随哪些因素变化？如何变化？

答：

桨叶迎角与桨叶角、飞行速度、螺旋桨转速和桨叶半径有关。

当飞行速度和螺旋桨转速一定时，桨叶迎角随桨叶角增大而增大，随桨叶角减小而减小。在桨叶角和螺旋桨转速不变的情况下，桨叶迎角随飞行速度增大而减小，随飞行速度减小而增大。飞行速度增大到一定程度，桨叶迎角可能减小为零，甚至变为负值。在桨叶角和飞行速度一定的情况下，桨叶迎角随螺旋桨转速增大而增大，随转速减小而减小。此外，随着剖面半径的加大，桨叶迎角也会变大。

3. 螺旋桨拉力是怎样产生的？螺旋桨拉力随飞行速度、油门位置和飞行高度是怎样变化的？为什么？

答：

（1）螺旋桨的拉力是由各个桨叶的拉力所构成的。螺旋桨桨叶的剖面形状与机翼的翼型相似，相对气流流过桨叶的前桨面，就像流过机翼上表面一样，流管变细，流速加快，压力降低；相对气流流过桨叶的后桨面，就像流过机翼下表面一样，流管变粗，流速减慢，压力升高。桨叶前后桨面形成压力差，压力差的总和就是桨叶的总空气动力（R）。桨叶总空气动力可以分解为两个分力，与桨轴平行的分力称拉力（P）。

（2）螺旋桨拉力的变化情况及原因

① 螺旋桨拉力随飞行速度的变化

飞行速度和螺旋桨拉力之间有着互相联系和互相制约的关系。这种关系表现在两个方面。一是拉力直接决定着飞行速度的大小,如增大速度,通常都要增大拉力。二是飞行速度改变以后,又反过来使拉力的大小发生变化。例如,在油门位置、飞行高度不变的条件下,随着飞行速度的增大,拉力逐渐减小。

拉力随飞行速度变化的原因如下。在油门位置和飞行高度不变的情况下,飞行速度增大,如果桨叶角不变,则桨叶迎角减小,螺旋桨旋转阻力减小,转速增大。为保持转速不变,调速器迫使桨叶角增大。当桨叶角增大到旋转阻力恢复到原来大小,转速恢复到原来大小时,桨叶角停止增大。在新的条件下,因桨叶合速度方向更加偏离旋转面,桨叶空气动力更偏离桨轴,为保持转速,旋转阻力不变,即 $Q_1 = Q_2$,所以拉力减小。飞行速度越大,拉力也相应越小。反之,飞行速度减小,则拉力增大。

② 螺旋桨拉力随油门位置的变化

在飞行速度和高度不变的条件下,加油门,螺旋桨拉力将增大。这是因为加油门,发动机有效功率提高,力图使螺旋桨转速增大,为了保持转速不变,调速器迫使桨叶变大距,桨叶迎角增大,拉力也就增大。反之,收油门,则拉力减小。

③ 螺旋桨拉力随飞行高度的变化

飞行速度和油门位置不变,飞行高度改变,空气密度变化,发动机有效功率发生变化,拉力也发生变化。对于吸气式活塞发动机来说,随着飞行高度的升高,发动机有效功率一直降低,所以螺旋桨的拉力也一直减小;对于增压式活塞发动机来说,在额定高度以下,高度升高,发动机有效功率增大,拉力也增大,在额定高度以上,高度升高,发动机有效功率减小,拉力也减小。在额定高度上,拉力最大;对于涡轮螺旋桨发动机来说,在功率限制高度以下,因当量功率保持基本不变,故拉力随高度增加而减小不明显,功率限制高度以上,发动机当量功率随高度增加而减小,所以拉力显著下降。

4. 小油门时,负拉力随速度如何变化?随油门如何变化?

答:

（1）小油门时,负拉力随速度变化的具体规律是:当 $V > V_{kz}$ 时,速度减小,负拉力增大;当 $V = V_{kz}$ 时,负拉力最大;当 $V < V_{kz}$,速度减小,负拉力减小,速度减到一定程度后,变为正拉力。

（2）小油门时,负拉力随油门变化的具体规律是:在油门 6°时仅在较小的速度范围内产生负拉力,其值较小;随着油门继续减小,负拉力在较大的速度范围内产生,同一速度下的负拉力增大。

5. 发动机停车后自转转速与桨叶角有何关系?

答:

在同一飞行速度下,桨叶角大于或小于 22°～23°,自转转速都要减小。这是因为,在同一飞行速度下,桨叶角过大,桨叶迎角会显著减小,引起负旋转阻力迅速降低,导致自转转速减小;桨叶角过小,桨叶在旋转方向的迎风面积显著减小,也会引起负旋转阻力迅速降低,导致自转转速减小;当空中解除限动,桨叶角变到最小值时,自转转速也达到最小。

6. 发动机停车顺桨系统全部失效后,螺旋桨负拉力随速度如何变化?

答:

发动机停车不能顺桨时,负拉力随飞行速度的变化情况如下。

飞行速度大于调速器控制速度 V_{kz} 时,负拉力随飞行速度的减小而迅速增大;当飞行速度减小到 V_{kz} 时,桨叶角减小到中间限动角,负拉力达到最大;飞行速度小于 V_{kz},负拉力随飞行速度的减小而降低。

7. 发动机功率和飞行速度对滑流扭转角有何影响?

答:

螺旋桨滑流扭转作用的强弱主要取决于发动机功率。在速度不变时,发动机功率增大,滑流扭转角和滑流速度同时增大。

在油门位置不变,即发动机功率不变的条件下,当飞行速度增大时,滑流扭转角变小。

8. 滑流对飞行有何影响? 如何修正?

答:

以左转螺旋桨为例,滑流流过机翼时,被分成上下两层。上层滑流自右向左后方扭转,下层滑流自左向右后方扭转。垂直尾翼和机身尾部主要受上层滑流的影响。所以在垂直尾翼和机身尾部产生向左的侧力对飞机重心形成右偏力矩,迫使机头向右偏转。

飞行中,为了消除滑流的影响,对于左转螺旋桨飞机来说,加油门时,需要适当蹬左舵,产生方向操纵力矩,抵消右偏力矩,保持方向平衡;反之,收油门时,应适当回左舵。

9. 如何判断螺旋桨进动方向?

答:

(1) 绘图法

先画一圆圈,表明螺旋桨旋转方向,再从圆心向外画箭头指向机头转动方向。该箭头指到圆周上那一点的切线速度方向,就是飞机进动方向。右转螺旋桨飞机的进动方向,与左转螺旋桨的相反。其结果如图 6-3-1 所示。

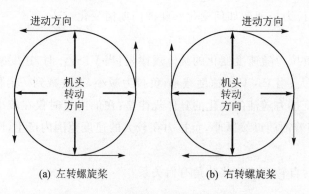

(a) 左转螺旋桨　　　　　　　　(b) 右转螺旋桨

图 6-3-1　绘图判断螺旋桨进动方向

(2) 手示法

左转螺旋桨用左手(右转螺旋桨用右手),手心面向自己(以座舱位置为准),以四指代表机头转动方向,伸开的大拇指方向,就是螺旋桨的进动方向。手示法如图 6-3-2 所示。

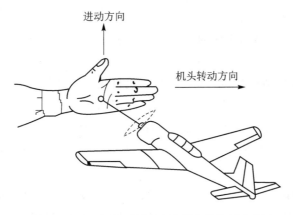

图 6 - 3 - 2　用左手判断左旋螺旋桨进动方向

10. 螺旋桨反作用力矩对飞行有何影响？如何修正？

答：

螺旋桨在转动中会产生旋转阻力,旋转阻力对桨轴形成的力矩称为螺旋桨的反作用力矩。这个力矩通过发动机传给飞机,迫使飞机向螺旋桨转动的反方向倾斜。

为了克服螺旋桨反作用力矩对飞行的影响,有的飞机调整重心位置,使重心偏出对称面一定距离,利用飞机升力对重心的滚转力矩,抵消反作用力矩的作用。

因为反作用力矩的大小随发动机功率而变,所以在加减油门的同时,还需要相应地压杆以修正反作用力矩的影响。

11. 为什么说螺旋桨反作用力矩的大小正比于发动机功率？

答：

发动机功率(有效功率)增大,桨叶角和桨叶迎角变大,螺旋桨的空气动力增大,故反作用力矩增大。反之,反作用力矩减小。

12. 发动机功率不变,飞行速度变化时,螺旋桨反作用力矩的大小如何变化？

答：

发动机功率不变,飞行速度增大时桨叶合速度方向更加偏离旋转面,桨叶空气动力更偏离桨轴,为保持转速,旋转阻力不变,即 $Q_1 = Q_2$,导致螺旋桨的空气动力减小,故反作用力矩减小。反之,反作用力矩增大。

6.4　章节自测

6.4.1　单选题

1. 螺旋桨的桨叶迎角是(　　　)。

A. 飞机相对气流与桨弦的夹角

B. 飞行速度与桨弦的夹角

C. 桨叶切面的相对气流与桨弦的夹角

D. 桨叶切面的相对气流与旋转面的夹角

2. 左转螺旋桨飞机,滑流扭转力矩力图使飞机机头( )。

A. 低头　　　　　B. 向左偏　　　　　C. 向右偏　　　　　D. 随油门大小而不同

3. 左转螺旋桨飞机,在左转弯中,机头要向( )进动。

A. 上　　　　　B. 下　　　　　C. 左　　　　　D. 右

4. 桨叶角是( )。

A. 转速与桨弦的夹角　　　　　　　　B. 飞行速度与桨弦的夹角

C. 桨弦与旋转面的夹角　　　　　　　　D. 桨弦与飞机纵轴的夹角

5. 左转螺旋桨飞机,螺旋桨反作用力矩力图使飞机( )。

A. 右偏　　　　　B. 向左滚转　　　　　C. 向右滚转　　　　　D. 视油门大小而不同

6. 左转螺旋桨飞机,在右转弯中,机头要向( )进动。

A. 上　　　　　B. 下　　　　　C. 左　　　　　D. 右

7. 飞行中减小发动机功率,由于机翼和螺旋桨的下洗减弱,飞机会出现一定的( )倾向。

A. 左偏　　　　　B. 右偏　　　　　C. 上仰　　　　　D. 下俯

8. 油门位置和飞行高度不变,飞行速度增大,为保持转速不变,调速器迫使桨叶角( )。

A. 变大　　　　　B. 变小　　　　　C. 不变

9. 加油门,发动机有效功率提高,力图使螺旋桨转速增大,为保持转速不变,调速器迫使桨叶角( )。

A. 变大　　　　　B. 变小　　　　　C. 不变

10. 左转螺旋桨飞机作斤斗飞行时,飞行员要不断拉杆使机头上仰转动,此时螺旋桨进动作用力图使机头( )偏。

A. 上　　　　　B. 下　　　　　C. 左　　　　　D. 右

11. 在飞行速度和高度不变的条件下,加油门,则螺旋桨拉力( )

A. 变大　　　　　B. 变小　　　　　C. 不变

12. 相对气流流过螺旋桨桨叶的前桨面,流管( ),流速( ),压力( )。

A. 变细、加快、降低　　　　　　　　B. 变细、加快、升高

C. 变粗、减慢、降低　　　　　　　　D. 变粗、减慢、升高

13. 在油门位置不变,即发动机功率不变的条件下,滑流的扭转作用可以近似认为( )。

A. 随飞行速度的增大而减小　　　　　　B. 随飞行速度的增大而增大

C. 不随飞行速度变化

14. 飞行中在保持油门位置一定的情况下,随着飞行速度的增大,螺旋桨调速器为保持转速不变,迫使桨叶角增大,此时桨叶迎角却逐渐减小,因而桨叶总空气动力不断( )并逐渐( )旋转面。

A. 减小、靠近　　　　　　　　　　　B. 减小、远离

C. 增大、靠近　　　　　　　　　　　　D. 增大、远离

15. 飞行中发动机转子和螺旋桨的转速（　　）。

A. 随着油门的增大而增大　　　　　　B. 随着油门的增大而减小

C. 恒定，与油门大小无关

16. 涡轮螺旋桨发动机对外界大气温度的变化是非常敏感的。飞行中，（　　）可能产生负拉力。

A. 只有在大气温度升高的情况下　　　B. 只有在大气温度降低的情况下

C. 无论大气温度降低还是升高

6.4.2　多选题

17. 飞行时如果发动机和螺旋桨的工作都正常，下列情况中会产生负拉力的是（　　）。

A. 油门位置不变的情况下飞行速度过大

B. 油门位置不变的情况下飞行速度过小

C. 收油门过多或收油门时忽视外界大气温度

D. 螺旋桨桨叶结冰

18. 桨叶迎角与（　　）有关。

A. 桨叶角　　　　　B. 飞行速度　　　　　C. 螺旋桨转速　　　　　D. 桨叶半径

6.5　章节自测参考答案

1. C	2. C	3. B	4. C	5. C	6. A
7. D	8. A	9. A	10. C	11. A	12. A
13. C	14. A	15. C	16. C	17. ACD	18. ABCD

第7章　典型飞机气动布局

7.1　知识要点

本章主要介绍边条翼、变后掠翼、鸭式布局、无尾布局、翼身融合体、前掠翼、三翼面布局等现代战斗机常用的气动布局形式。通过本章学习,学生能够掌握不同气动布局的空气动力特性,并对比分析不同气动布局飞机的特点。

7.1.1　基本概念

1. 飞机气动布局

飞机气动布局主要是指飞机的外部形状,包括各部件的形状及相互搭配关系,通常指机翼、平尾、垂尾等的形状与布置。气动布局与飞机的用途有着直接的关系,不同的气动布局适合于不同的用途。

2. 边条翼

边条翼是一种组合机翼。它由中等后掠角、中等展弦比的基本翼和位于翼根前部的大后掠角、小展弦比、尖前缘的边条组成。

3. 变后掠翼

后掠角在飞行中可以改变的机翼,称为变后掠翼。

4. 鸭式布局

主翼(机翼)前配置有小翼的飞机,称为鸭式布局飞机,简称鸭式飞机。放在机翼前面的小翼称为前翼,或称鸭翼,鸭翼取代了常规布局的水平尾翼。

5. 无尾布局

无尾布局是指采用没有水平尾翼的气动布局形式。

6. 翼身融合体

翼身融合体是指不论从横截面,或从平面来看,很难分清机身与机翼的交接线,两者之间有圆滑的过渡,已融为一体。

7. 双三角翼

双三角翼由两个后掠角不同的三角翼组成。前端小三角翼(后掠角大)为内翼,后部大三角翼(后掠角小)为外翼。

8. 前掠翼

前掠翼是相对后掠翼而言的一种机翼形状,左右翼俯视投影形成一个 V 字。

9. 气动弹性发散

当迎角增大,升力增大时,机翼产生的扭转变形使得前缘提高后缘降低,机翼相对于来流的迎角增大,从而使机翼升力和扭转变形继续增大,这种不稳定性称为气动弹性发散。

10. 三翼面布局

飞机同时具有鸭面、机翼和平尾的布局称为三翼面布局。

7.1.2　常见问题

1. 前掠翼和后掠翼

在相同条件下,前掠翼与后掠翼相比,气流流过机翼产生的翼根效应和翼尖效应相反,因此前掠翼的气动性能优于后掠翼。但是,前掠翼存在气动弹性发散问题。

2. 隐　身

第四代战斗机要求飞机必须具有隐身性能,隐身性能除了通常所说的雷达隐身和红外隐身外,还包括声隐身和可见光隐身。在现代先进的技术条件下,影响战斗机突防能力和生存能力的主要是雷达隐身和红外隐身,影响最大和技术最复杂的是雷达隐身。

7.2　思考题详解

1. 简述边条翼的概念及其气动特性。

答:

边条翼是一种组合机翼。它由中等后掠角、中等展弦比的基本翼和位于翼根前部的大后掠角、小展弦比、尖前缘的边条组成。

边条翼的空气动力特性如下。

(1) 亚、跨声速范围内飞行：在小迎角时，升阻特性不如面积相同的无边条机翼好。在中等以上迎角飞行时，可用升力大；在较大迎角条件下，飞机的升阻比较大，其最大升力系数和最大抖动升力系数可比没有采用边条时的基本翼提高 50% 以上；在大迎角下，气流不发生分离。

(2) 超声速范围内飞行：边条翼基本翼的后掠角小，在超声速时它的波阻较大；但内翼部分由于边条后掠角大，加上内翼相对厚度明显减小，因而提高了 Ma_{cr}，减小了波阻，以弥补外翼波阻的增大。在飞行马赫数较大时，由于基本翼的后掠角不大（通常不大于 45°），因此在较大马赫数飞行时（如 $Ma > 1.4$）基本翼的前缘就会变成超声速前缘，这样前缘吸力自然消失。所以边条翼不适合大马赫数飞行的情况。

2. 简述变后掠翼的概念及其气动特性。

答：

后掠角在飞行中可以改变的机翼，称为变后掠翼。

变后掠翼飞机的气动特性特点如下。

(1) 总阻力较小

高速飞行中，零升阻力是机翼阻力的主要成分，诱导阻力退居次要。这时，变后掠翼处于最大后掠角位置，因而零升阻力较小。

低速飞行中，诱导阻力占比加大。这时变后掠翼处于最小后掠角位置，展弦比较大，诱导阻力较小，因而机翼阻力也较小。

(2) 最大可用升力系数较大

低速飞行中，变后掠翼处于小后掠角大展弦比状态，升力线斜率较大，同时机翼前、后缘增升装置效率也较高，因此，机翼最大可用升力系数较大，从而改善飞机机动性，提高起飞、着陆性能。

(3) 最大升阻比高

变后掠翼飞机能够在不同速度下以变动机翼的后掠程度来获取最佳的升阻特性，得到较高的升阻比，这对于提高航程和航时以及飞行性能的发挥都是有利的。

3. 简述鸭式布局的概念及其气动特性。

答：

主翼（机翼）前配置有小翼的飞机称为鸭式布局飞机，简称鸭式飞机。放在机翼前面的小翼称为前翼，或称鸭翼，鸭翼取代了常规布局的水平尾翼。

鸭式布局飞机气动特性特点如下。

(1) 可得到正的配平升力

常规布局飞机为了俯仰平衡，水平尾翼需要产生负升力，从而削弱了飞机总升力。鸭式布局飞机正好相反，前翼提供正的配平升力，增大了飞机总升力。另外，由于前翼承受了一部分载荷，减小了机翼承受的载荷，因而机翼面积可减小，结构重量可减轻。

（2）近距耦合可获得涡升力

近年的研究发现，只要将前翼与主翼之间恰当地配置，就能得到它们的有利干扰，这种配置称为近距耦合。鸭翼的气动布局是将前翼靠近主翼，置于稍高于主翼的位置上，鸭翼与主翼之间的垂直距离和水平距离往往只有鸭翼弦长的 1/4。在中等迎角下，前翼会产生脱体涡，脱体涡流经机翼上表面，降低主翼上表面的压力，使其产生附加的涡升力。

（3）配平阻力较小

鸭式布局在阻力上的好处来自两方面。一是由于增加了涡升力，在机翼上产生相同升力的条件下，诱导阻力随之减小；二是由于平衡时前翼提供正升力，增加了总升力，飞机为达到平衡所需阻力随之减小。

（4）抗螺旋能力强

由于前翼处于机翼的上洗流流场中，大迎角飞行时前翼迎角较大，如果前翼作为操纵面，偏转后提供配平升力，则前翼的迎角比机翼的迎角大得更多，因此，鸭式布局飞机总是前翼比机翼先发生气流分离，前翼升力减小，机头"下俯"，这就减小了机翼迎角，防止飞机失速，减小了飞机进入螺旋的危险。

（5）前翼操纵效能高

前翼由于不受机翼干扰，其操纵效能比位于机翼后的水平尾翼高。

（6）俯仰操纵性差，附加阻力大

近距耦合鸭式布局以前翼作为操纵面，虽然可以得到正的配平升力，但力臂短，操纵力矩小。另外，操纵前翼的偏转角和飞机迎角增量方向相同，但前翼的实际迎角较大。迎角过大，会引起前翼首先失速，配平升力下降，削弱俯仰操纵。并且，前翼经常处于大迎角状态，对应的配平阻力也较大。

（7）大迎角削弱方向稳定性

鸭式布局飞机在侧滑中，前翼的尾涡有可能打在垂直尾翼上，使垂直尾翼侧滑的一面压力降低，引起扩大侧滑角的方向力矩，削弱方向稳定性。

（8）主翼在前翼之后，受前翼干扰较大

由于前翼产生的下洗，使主翼的有效迎角减小，升力减小。

4. 简述无尾布局的概念及其气动特性。

答：

无尾布局是指采用没有水平尾翼的气动布局形式。

无尾布局气动特性特点如下。无尾飞机与有尾飞机相比，在同一条件下，零升阻力较小。取消了水平尾翼，使机身的承力特性得到改善，不仅机身结构简单，而且重量也可减轻。所以，相同条件下，无尾飞机在大 Ma 飞行时的速度性能较好，上升率较大。但是，无尾飞机也存在起落性能较差等缺点。

5. 简述翼身融合体的概念及其气动特性。

答：

翼身融合体指不论从横截面或从平面来看，很难分清机身与机翼的交接线，两者之间有圆滑的过渡，已融为一体。

翼身融合体气动特性特点如下。

(1) 增大了升力面积,减小了诱导阻力、激波阻力和干扰阻力,显著改善了升阻特性。

(2) 机身两侧整流罩部分产生附加升力,机翼中间部分升力增加,使半边机翼的压力中心内移,减小了机翼在大载荷时的弯曲力矩,从而改善了翼身连接结构的受力情况,降低了结构重量。

(3) 扁宽的前体,在大迎角飞行中有横向流时,不会出现气流分离现象。

(4) 在翼身融合部位,有较大的内部容积可以利用。和非翼身融合体布局相比,可以缩短机身、减轻重量、减小增大垂尾面积,从而使亚声速的最小阻力系数减小,超声速的波阻减小。

6. 简述双三角翼的概念及其气动特性。

答:

双三角翼由两个后掠角不同的三角翼组成。前端小三角翼(后掠角大)为内翼,后部大三角翼(后掠角小)为外翼。

气动性具有如下特点。双三角翼在内翼外翼交联处会形成内翼涡,这个涡向下游发展到外翼上,可以阻挡外翼上沿展向的二次流,减弱了翼尖效应造成的气流分离,这对提高升力系数有好处。另外,双三角翼的内翼涡还使机翼上表面的压力减小,起到增升作用。

7. 简述前掠翼的概念及其气动特性为什么优于后掠翼的气动特性。

答:

前掠翼是相对后掠翼而言的一种机翼形状,左右翼俯视投影形成一个 V 字。

在相同条件下,前掠翼与后掠翼相比,气流流过机翼产生的翼根效应和翼尖效应相反,气流流过前掠翼,不是向外偏斜而是向内偏斜。因而,前掠翼的载荷展向分布情况和后掠翼不同,翼根部分载荷大,翼尖部分载荷小。因此,相同条件下前掠翼的气动特性优于后掠翼,主要有以下几点。

(1) 诱导阻力小,升阻比大。由前掠翼的载荷展向分布看出,前掠翼的翼尖部分载荷变化率小,故翼尖涡流相对较小,升力相同时诱导阻力小,总阻力也小,所以升阻比大。此外,由于前掠翼载荷分布比较靠近翼根,同一升力下产生的弯矩小于后掠翼,因此,结构重量较轻。如产生相同的弯矩,其展弦比比后掠翼大,从而减小诱导阻力。

(2) 翼根气流先分离。前掠翼与后掠翼相反,首先在翼根部分发生气流分离,翼尖部分气流分离较迟。翼根气流分离对副翼的操纵效能没有影响,所以大迎角飞行操纵性能好;翼根气流分离形成的滚转力矩小,因而失速特性好。

(3) 飞机可用升力系数较大。前掠翼采用鸭式前翼布局或附加机翼边条,就能利用脱体涡有效地控制翼根气流分离,提高机翼最大的可用升力。

(4) 机身和机翼的结合更符合面积律的要求,飞机横截面积沿纵轴的分布变化缓和平滑,有利于减小跨声速飞行时的阻力。

(5) 由于机翼安装靠后,机翼承力机件靠后,使重心附近的有效容积增大,便于设计布局。

8. 简述三翼面布局的概念。它与二翼面布局相比有何优点?

答:

飞机同时具有鸭面、机翼和平尾的布局称为三翼面布局。

三翼面与二翼面布局飞机相比,具有如下主要优点。

(1) 升力特性好。亚声速时,三翼面与二翼面布局相比,不但升力系数曲线斜率增大,失速迎角增大,更主要的是大迎角时的升力有明显增大,这表明鸭面控制机翼气流分离的作用在三翼面布局上依然存在。在超声速时,三翼面的升力比二翼面稍有加大,这主要是鸭面的影响。

(2) 诱导阻力小。对于 $50°$ 后掠机翼,在 $\alpha \geqslant 8°$ 以后,三翼面诱导阻力比二翼面要小。迎角增大,诱导阻力的减小更为明显,而且在 Ma 达到 0.9 时,减阻效果未有明显降低。

9. 隐身飞机是如何减小雷达散射截面(radar cross section,RCS)的?

答:

飞机通过隐身气动布局设计、雷达吸波材料(radar absorbing material,RAM)和雷达吸波结构(radar absorbing structure,RAS)三方面相结合来减小 RCS。其中隐身气动布局设计如下。

(1) 设计原则

① 减少飞机的尺寸和部件。

② 排除平面的镜面反射:一是用曲面代替平面,或者将平面对雷达入射倾斜一定角度,使反射波偏离主要的威胁方向。

③ 消除角反射器。

④ 形成少量的反射波束。

⑤ 翼型头部尖削并减小相对厚度。

⑥ 消除或减弱散射源。

⑦ 利用部件相互遮蔽。

(2) 设计措施

① 选用后掠角大、展弦比小和梢根比小的机翼。

② 机身设计为融合体式。

③ 去掉尾翼(平尾和垂尾)。

10. 简述自适应机翼的概念及其主要功能。

答:

自适应机翼亦称变弯度机翼,它是一种前缘和后缘有柔性,翼面为连续、光滑、没有开缝或滑动接头的机翼。自适应机翼的翼型由内部联动装置来控制,可根据任务需要而改变。

自适应机翼的主要功能如下。

(1) 直接升力控制。自适应机翼改变机翼表面弯度而不需改变机翼迎角,就能使飞机的升力发生变化。因此,可使飞机在不改变姿态的情况下,改变飞行高度。

(2) 巡航弯度控制。通过精确地调整翼型,使飞机获得最大升阻比,从而提高航程。

(3) 机动载荷控制。机动飞行时,通过机翼内外段弯度控制,使机翼内段弯度大于外侧弯度,从而降低机翼弯矩。这样,相同强度的机翼结构,就可承受更大过载,使飞机具有良好的机动性能。而相对于一定的机动过载而言,则可以减轻机翼的结构重量。

(4) 减缓阵风载荷。在遇到向上阵风时,变弯度机翼外侧翼段弯度自动减小,从而减小阵风引起的附加升力,减小低空飞行时的颠簸,同时亦可提高飞机的疲劳寿命。

(5) 横滚控制。通过左右机翼弯度控制,代替左右副翼偏转造成左右升力不同而进行横滚控制。例如,左翼弯度比右翼大,则左翼升力大于右翼,飞机右滚。

7.3　章节自测

7.3.1　单选题

1. 边条翼由基本翼和位于翼根前部的(　　　)后掠角、(　　　)展弦比、尖前缘的边条组成。

A. 大、大　　　　　B. 大、小　　　　　C. 小、大　　　　　D. 小、小

2. 边条翼是按混合流型概念设计的,(　　　)翼是脱体涡流型,(　　　)翼是附着流型,其升力系数要明显高于无边条机翼。

A. 内、外　　　　　B. 外、内　　　　　C. 内、内　　　　　D. 外、外

3. 下述飞机中属于变后掠翼气动布局的是(　　　)。

A. F-14　　　　　B. F-15　　　　　C. F-16　　　　　D. F-18

4. 变后掠翼飞机高速飞行中,变后掠翼处于(　　　)后掠角位置;低速飞行中,变后掠翼处于(　　　)后掠角位置。

A. 最大、最大　　　B. 最大、最小　　　C. 最小、最大　　　D. 最小、最小

5. 鸭式布局飞机前翼的迎角(　　　)机翼的迎角。因此,大迎角飞行时总是前翼比机翼先发生气流分离,前翼升力减小,要机头"下俯"。

A. 大于　　　　　B. 等于　　　　　C. 小于　　　　　D. 不确定

6. 鸭式布局飞机在(　　　)中,前翼的尾涡有可能打在垂直尾翼上,从而削弱方向稳定性。

A. 上升　　　　　B. 下滑　　　　　C. 侧滑　　　　　D. 盘旋

7. 无尾飞机与有尾飞机相比,在同一条件下,零升阻力(　　　)。

A. 较大　　　　　B. 较小　　　　　C. 相等　　　　　D. 不确定

8. 翼身融合体因为机身两侧整流罩部分产生附加升力,机翼中间部分升力增加,使半边机翼的压力中心(　　　),(　　　)了机翼在大载荷时的弯曲力矩。

A. 内移、增大　　　B. 内移、减小　　　C. 外移、增大　　　D. 外移、减小

9. 在相同条件下,前掠翼与后掠翼相比,气流流过机翼时(　　　)。

A. 产生的翼根效应和翼尖效应都相同

B. 产生的翼根效应相同,翼尖效应相反

C. 产生的翼根效应相反,翼尖效应相同

D. 产生的翼根效应和翼尖效应都相反

10. 前掠翼的载荷展向分布情况和后掠翼不同,翼根部分载荷(　　)翼尖部分载荷。

A. 大于　　　　　　　B. 等于　　　　　　　C. 小于　　　　　　　D. 不确定

11. 前掠翼飞机大迎角飞行操纵性能好的原因在于(　　)。

A. 翼根部分先于翼尖部分发生气流分离

B. 翼根部分与翼尖部分同时发生气流分离

C. 翼尖部分先于翼根部分发生气流分离

D. 翼根和翼尖都不发生气流分离

12. 前掠翼的翼尖部分载荷变化率小,故翼尖涡流相对(　　),升力相同时诱导阻力(　　)。

A. 较大、较大　　　B. 较大、较小　　　C. 较小、较大　　　D. 较小、较小

13. 从隐身的角度考虑,应选用(　　)的机翼。

A. 后掠角大、展弦比小、梢根比小

B. 后掠角大、展弦比小、梢根比大

C. 后掠角小、展弦比大、梢根比小

D. 后掠角小、展弦比大、梢根比大

7.3.2　多选题

14. 鸭式布局在阻力上带来的好处有(　　)。

A. 增加了涡升力,在机翼上产生相同升力的条件下,诱导阻力随之减小

B. 平衡时前翼提供正升力,增加了总升力,飞机为达到平衡时阻力随之减小

C. 与无尾飞机相比,前翼会减小零升阻力

D. 与常规布局相比,前翼减小了配平阻力

15. 翼身融合体升阻特性方面的优点有(　　)。

A. 增大了升力面积　　B. 减小了诱导阻力　　C. 减小了激波阻力　　D. 减小了干扰阻力

16. 飞机同时具有(　　)的布局称为三翼面布局。

A. 鸭面　　　　　　　B. 机翼　　　　　　　C. 垂尾　　　　　　　D. 平尾

17. 雷达散射截面的大小取决于飞机的几何面积和几何特性、雷达波的反射方向、雷达波的反射率。其中(　　)由飞机的外形决定。

A. 飞机的几何面积　　　　　　　　　　B. 飞机的几何特性

C. 雷达波的反射方向　　　　　　　　　D. 雷达波的反射率

7.4　章节自测参考答案

1. B　　　　2. A　　　　3. A　　　　4. B　　　　5. A　　　　6. C

7. B　　　　8. B　　　　9. D　　　　10. A　　　11. A　　　12. D

13. A　　　14. AB　　　15. ABCD　　16. ABD　　17. ABC

第8章 空气动力学实验原理及方法

8.1 知识要点

本章主要介绍风洞及其测试设备、空气动力学实验的流动相似理论以及空气动力学中的典型实验项目。通过本章学习,学生能够阐述空气动力学实验的原理和方法,完成典型的风洞实验项目。

8.1.1 基本概念

1. 流动相似

风洞实验是以绕模型的流动与绕实物的流动相似为基础的,即要求这两个流动的对应点在对应时刻所有表征流动状况的相应物理量的比例关系保持不变。如果物理量是矢量,还包括方向相同。一般情况下,只有保持几何相似、运动相似、动力相似、热力学相似以及质量相似,两个流动才能完全相似。如果只有某些物理量满足相似条件,则称为部分相似。

2. 几何相似

几何相似是流动相似最基本的条件。一个物体经过各向等比例变形后能与另一个物体完全重合,则称这两者几何相似。变形后能够相互重合的点称为对应点,同一物体上对应点之间的连线称为对应线。两个几何相似物体的对应线长度成比例。对风洞实验而言,这个比例就是模型的缩尺比。

3. 运动相似

在两个几何相似的流动中,流体微团流过任意对应流线的时间之比值为一常数,则称两者为运动相似。运动相似意味着速度场、加速度场的几何相似,即对应点的速度和加速度之比保持不变。

4. 动力相似

在两个几何相似的流动中,如果各对应点对应流体微团上所受的同名作用力的大小之比为常值,而且方向相同,则称为动力相似。

5. 热力学相似

在两个几何相似的流动中,如果各对应点的温度之比为常值,则称为热力学相似。

6. 质量相似

在两个几何相似的流动中,如果各对应点的密度之比为常值,则称为质量相似。

7. 自模性

自模性又称为自准性,其含义是自动模拟。现象的自模性是指在一定范围内某相似准则变化不再影响所研究的现象。这时,此相似准则可以不予模拟,或者说此相似准则已经进入自模区或自准区。

8. 俯仰角 ϑ

俯仰角是指机体纵轴 Ox_1 与水平面之间的夹角。一般规定,纵轴指向水平面上方为正,称为仰角;纵轴指向水平面下方为负,称为俯角。

9. 坡度(滚转角)γ

坡度是指飞机对称面与包含机体纵轴 Ox_1 的铅垂面之间的夹角,也称滚转角或倾斜角。一般规定右坡度为正,左坡度为负。

10. 偏航角 ψ

偏航角是指机体纵轴 Ox_1 在水平面 x_gOz_g 上的投影与地面纵轴 Ox_g 之间的夹角。绕地面立轴 Oy_g 按右手定则,以机头左偏航为正,机头右偏航为负。

11. 航迹(轨迹)偏角 ψ_s

航迹偏角是指航迹纵轴 Ox_c 在水平面上的投影与 Ox_g 轴之间的夹角。绕地面立轴 Oy_g 按右手定则,飞机左偏航为正,右偏航为负。

12. 航迹(轨迹)倾斜角 θ

航迹倾斜角是指航迹纵轴 Ox_c 与水平面 x_gOz_g 之间的夹角,又称为上升角。规定轨迹向上倾斜时,θ 为正。

13. 航迹滚转角 γ_s

航迹滚转角是指飞机对称面 x_1Oy_1 与包含空速矢量(Ox 轴)铅垂面之间的夹角,也就是 Oy 与 Oy_c 之间的夹角。规定 γ_s 绕 Ox 轴右滚为正,左滚为负。显然,当迎角和侧滑角为零时,$\gamma_s=\gamma$。

8.1.2　基本理论和基本方程

1. 相似定理

（1）相似的正定理。相似的现象，其同名相似准则的数值相同。

该定理给出了相似现象的必要条件。这是因为，如果两个流动现象相似，按定义则这两者的无量纲形式的方程组及初始条件和边界条件应该相同，具有相同的无量纲形式解。因而，出现在这两者的无量纲形式的方程组及初始条件和边界条件中所有无量纲组合数对应地相等。这些无量纲组合数称为相似准则，如雷诺数、马赫数等。

反过来说，如果两个流动的相似准则相等，初始条件和边界条件相似，则这两者的无量纲形式的方程组及初始条件和边界条件完全相同，因而具有相同的无量纲形式解，也就是说这两个流动是相似的。这就是相似的逆定理的内容。

（2）相似的逆定理。两个现象的单值条件相似，而且由单值条件组成的同名相似准则的数值相同，则这两个现象相似。该定理给出了相似现象的充分必要条件，即两个现象满足这些条件就必定相似。

2. 相似准则的导出

常用的导出相似准则方法有两种，分别是量纲分析法和方程分析法。

若所研究的现象十分复杂，不能用物理方程组来描述，只能一般地写出影响现象的准则，则采用量纲分析法来导出相似准则。

若所研究的现象可以用物理方程组来描述，则通常采用方程分析法来导出相似准则，即首先列出描述相似现象的方程，然后列出各物理量成比例的关系式并代入物理方程，从而得到由相似常数组合而成的相似系数，并令其为1，经整理可得到相似准则。

8.1.3　常用公式

1. 雷诺数

雷诺数表示惯性力 F_i 与黏性力 F_v 之比

$$\frac{F_i}{F_v} \sim \frac{\rho V h^2 l^2}{\mu V l} \sim \frac{\rho V l}{\mu} = Re \qquad (8-1-1)$$

式中，ρ——空气密度；

　　V——速度；

　　μ——黏性系数；

　　l——特征长度。

它是一个表征流体的黏性对流动影响的相似准则。凡是与流体的黏性有关的物理量,如阻力、最大升力、抖振起始点等,都与 Re 有关。

2. 马赫数

马赫数是表征惯性力 F_i 与弹性力 F_e 只之比的相似准则,对于完全气体

$$\frac{F_i}{F_e} = \frac{\rho V^2 l^2}{p l^2} = \frac{V^2}{\dfrac{p}{\rho}} \propto \frac{V^2}{a^2} = Ma^2$$

$$Ma = \frac{V}{a} \tag{8-1-2}$$

式中,a——声速。

马赫数是气体的压缩性对流动影响的一个量度。对低速流动,气体的压缩性可以忽略不计,即不考虑 Ma,但当流速较高($Ma>0.3$)时,不能忽略气体压缩性影响。Ma 是一个十分重要的相似准则,它几乎对所有高速流动现象都有影响。在低速风洞进行喷流实验和直升机旋翼实验时,对局部高速流动要模拟 Ma。

3. 弗劳德数

弗劳德数(Fr)是表征惯性力 F_i 与重力 F_g 之比的相似准则。

$$\frac{F_i}{F_g} = \frac{\rho V^2 l^2}{\rho g l^3} = \frac{V^2}{g l} = Fr^2$$

$$Fr = \frac{V}{\sqrt{g l}} \tag{8-1-3}$$

Fr 是重力作用对流动影响的一个量度。对于实验模型外挂物投放、模型自由飞及尾旋实验等,Fr 是主要的相似准则。

4. 斯特劳哈尔数

斯特劳哈尔数(Sr)是非定常运动惯性力 F_i' 与惯性力 F_i 之比。

$$\frac{F_i'}{F_i} = \frac{\rho V^2 l^3/t}{\rho V^2 l^2} = \frac{l}{Vt} = Sr$$

$$Sr = \frac{l}{Vt} = \frac{lf}{V} \tag{8-1-4}$$

式中,f——周期性的非定常流动的特征频率。

Sr 是表征流动非定常性的相似准则。当进行结构弹性振动、旋涡、螺旋桨、旋翼、旋转天平、马格努斯力及航空声学等模型实验时,要求模型与实物的 Sr 相等。

5. 欧拉数

欧拉数(Eu)表征流体的压力 F_p 与惯性力 F_i 之比。

$$Eu = \frac{F_p}{F_i} = \frac{pl^2}{\rho V^2 l^2} = \frac{\Delta p}{\rho V^2} \qquad (8-1-5)$$

流体力学中的压力系数 C_p 即欧拉数。如果模型实验流场与实物相似，那么两者表面各对应点的压力系数相等。

6. 牛顿数

牛顿数 (Ne) 代表作用在物体上的力 F 与惯性力 F_i 之比。

$$Ne = \frac{F}{F_i} = \frac{F}{\rho V^2 l^2} \qquad (8-1-6)$$

空气动力系数本质上都是牛顿数。如果绕模型的流动与绕实物的流动相似，那么两者的空气动力系数相等，这样就可以把风洞飞机模型实验的结果用于实际飞行。

8.1.4　常见问题

（1）一般情况下，只有保持几何相似、运动相似、动力相似、热力学相似以及质量相似，两个流动才能完全相似。在低速风洞实验中，主要是实现模型实验和实物飞行的几何相似、运动相似和动力相似。

（2）按相似定理的要求，两个现象相似的条件是，单值条件相似以及单值条件组成的相似准则完全相同。一般情况下，模型实验只能满足部分相似准则，做到部分模拟。所以，风洞模型实验只能模拟主要的相似准则，忽略次要的相似准则，然后对实验的数据进行修正后，才能应用于实物情况。因此，对于某一特定项目的实验，要针对实验的目的、要求，认真分析影响实验结果的相似准则，才能决定哪些是起决定作用的相似准则。

8.2　典型题目解析

用空速管和 U 形管压力计在低速风洞中测量流速，如图 8-2-1 所示。测得总压与静压之差为 25 cm 高的酒精柱，求风速。已知酒精浓度为 $\gamma = 7\,840$ N/m^3，室温 $T = 15$ ℃，大气压 $p_a = 101\,325$ Pa，气体常数 $R = 287$ J/(kg·K)。

解：

由伯努利方程可知，总压与静压之差为动压，即

$$q = p_0 - p = \frac{1}{2}\rho V^2$$

并且该压力差等于酒精柱产生的压力差，即

$$q = \gamma \cdot \Delta h$$

根据气体状态方程 $p = \rho RT$，可得

$$\rho = \frac{p}{RT} = \frac{101\ 325}{287 \times 288}\ \mathrm{kg/m^3} = 1.225\ \mathrm{kg/m^3}$$

则有

$$V = \sqrt{\frac{2(p_0 - p)}{\rho}} = \sqrt{\frac{2\gamma\Delta h}{\rho}} = \sqrt{\frac{2 \times 7\ 840 \times 0.25}{1.225}}\ \mathrm{m/s} = 56.6\ \mathrm{m/s}$$

注:首先通过伯努利方程将速度与压强联系起来。其次,理解空速管静压孔和总压孔存在压强差,从而导致 U 形管两侧酒精柱产生高度差。

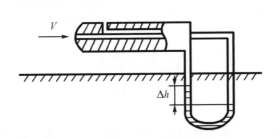

图 8 - 2 - 1　风洞测量风速示意图

8.3　思考题详解

1. 风洞按气流速度可以分为哪几类?

答:

根据风洞试验段的气流速度,可以将风洞分为如下 6 类。

(1) 低速风洞:气流马赫数的范围为 $Ma < 0.3$。

(2) 高亚声速风洞:气流马赫数的范围为 $0.3 \leqslant Ma < 0.8$。

(3) 跨声速风洞:气流马赫数的范围为 $0.8 \leqslant Ma < 1.4$。

(4) 超声速风洞:气流马赫数的范围为 $1.4 \leqslant Ma < 5.0$。

(5) 高超声速风洞:气流马赫数的范围为 $5.0 \leqslant Ma < 10$。

(6) 高焓量高超声速风洞:气流马赫数的范围为 $Ma \geqslant 10$。

2. 空气动力学实验中,测量流体压强的仪器有哪些?

答:

空气动力学实验中,测量流体压强的仪器主要有两种。

(1) U 形管压力计

在一根 U 形的玻璃管中放入某种液体(密度为 ρ),测量时,压力计的一端通待测压力 p,另一端通大气(压力为 p_a)。把 U 形管垂直放置时,由 $p - p_a = \rho g \cdot \Delta h$ 得出待测压力。

(2) 多管压力计

将多根平行排列的玻璃管装在一个平板上,各测压管都与一个公共的储液杯连通,为了提高精度,可将平板倾斜一个角度 α,所测得的压力满足: $p_i - p_a = \rho g \cdot \sin \alpha \cdot (l_a - l_i)$。

3. 空气动力学实验中,测量流体速度的仪器有哪些?

答:

空气动力学实验中,测量流体速度的仪器有两种。

(1) 毕托管

针对低速气流,分别测出流场中某点的总压 p_0 和静压 p,同时引入毕托管的校正系数 ξ,利用 $V = \sqrt{\dfrac{2}{\rho}\xi(p_0 - p)}$ 计算得出流速。

针对高速气流,利用式(8-3-1)和式(8-3-2)计算流速,即

$$Ma = \sqrt{\frac{2}{\gamma - 1}\left[\left(\frac{p_0}{p}\right)^{\frac{\gamma - 1}{\gamma}} - 1\right]} \tag{8-3-1}$$

$$V = a \cdot Ma \tag{8-3-2}$$

(2) 热线风速仪

将直径为 $5 \sim 10\ \mu m$,长度为几毫米的铂钨丝的两头焊在支架上制作成热线探头。根据测得的探头电压,同时引入校正常数 A、B,利用式(8-3-3)计算流速,即

$$E^2 = A + BV^2 \tag{8-3-3}$$

式中,E——电压。

4. 空气动力学实验中,测量流体流量的仪器有哪些?

答:

空气动力学实验中,测量流体流量的仪器有文丘利流量计。

文丘利流量计是一个先收缩后扩张的管道,上游进口截面的直径为 D,截面积为 F_1;然后是一个收缩段。中间有一段平直的喉道,直径为 d,截面积为 F_2,喉道平直段的长度 L 等于 d。最后是一段扩张段,使得流量计的管道逐渐过渡到原来管道截面一样大小。在进口段规定位置处取静压 p_1,在喉道中间取静压 p_2。利用式(8-3-4)计算流量,即

$$Q_v = \frac{C \cdot \varepsilon}{\sqrt{1 - \beta^4}} \times \frac{\pi}{4}d^2\sqrt{\frac{2 \cdot \Delta p}{\rho}} \tag{8-3-4}$$

式中,Q_v——体积流量;

　　C——流出系数;

　　ε——可膨胀性系数;

　　β——直径比,$\beta = d/D$;

　　ρ——流体密度,kg/m^3;

　　Δp——压力差,$\Delta p = p_1 - p_2$。

5. 在低速风洞试验中,主要考虑模型试验和实物飞行的哪几个方面相似?

答:

在低速风洞试验中,主要考虑模型试验和实物飞行的几何相似、运动相似和动力相似。

6. 空气动力学实验中,常用到哪几个坐标轴系?

答:

空气动力学实验中,常用到以下 4 个坐标轴系。

(1) 地面坐标轴系。以地面为基准,原点位于地面任意选定的某固定点(如飞机的起飞点),通过该点画出三条互相垂直的坐标轴。

(2) 机体坐标轴系。以飞机机体为基准,原点位于飞机的重心,通过该点画出三条互相垂直的坐标轴。

(3) 气流坐标轴系(速度坐标轴系)。以飞行速度(空速)方向为基准,通过飞机重心画出三条互相垂直的坐标轴。

(4) 航迹坐标轴系。将飞机看成质点来研究,原点位于飞机的重心,以飞行速度(地速)为基准,画出三条互相垂直的坐标轴。

8.4 章 节 自 测

8.4.1 单选题

1. 试验段中气流速度小于 100 m/s 的风洞,属于(　　)。

A. 超声速风洞　　　　　B. 跨声速风洞　　　　　C. 高亚声速风洞　　　　D. 低速风洞

2. 低速回流式风洞中,(　　)要求流速最快最均匀,湍流度较低。

A. 试验段　　　　　B. 扩压段　　　　　C. 回流段　　　　　D. 收缩段

3. U 形管压力计的玻璃管内液体(　　)。

A. 只能是水

B. 只能是酒精

C. 只能是水银

D. 视所测压力的大小和分辨率的要求确定

4. 利用称量法或容积法测定流量时,所测得的流量是(　　)。

A. 瞬时流量　　　　　B. 平均流量　　　　　C. 总流量　　　　　D. 都正确

5. 文丘利流量计是一种利用(　　)来测量流量的流量计。

A. 质量差　　　　　B. 速度差　　　　　C. 压力差　　　　　D. 温度差

6. 对湍流度进行测试时,由于速度是脉动的,下述方法中合理的是(　　)。

A. 使用毕托管测速　　　　　　　　B. 使用压力落差法测速

C. 使用热线风速仪测速　　　　　　D. 都合理

7. 流动相似最基本的条件是(　　)。

A. 几何相似　　　　　B. 运动相似　　　　　C. 动力相似　　　　　D. 质量相似

8. 下述选项中,表征流体黏性对流动影响的相似准则为(　　)。

A. 马赫数　　　　　B. 雷诺数　　　　　C. 欧拉数　　　　　D. 牛顿数

9. 飞行速度方向与机体纵轴一致时,(　　)相等。

A. 俯仰角与迎角　　　　　　　　　B. 迎角与航迹倾斜角

C. 俯仰角与航迹倾斜角　　　　　　D. 都正确

10. 一般规定,右坡度为(　　),右侧滑为(　　)。

A. 正、正　　　　　B. 正、负　　　　　C. 负、负　　　　　D. 负、正

11. 气动力的三个分量,即升力、阻力和侧力都是在(　　)中定义的。

A. 地面坐标轴系　　　　　　　　　B. 机体坐标轴系

C. 气流坐标轴系　　　　　　　　　D. 航迹坐标轴系

8.4.2　多选题

12. 使用毕托管测速时,当已知流场中某点的(　　)后,可得到流场中该点的速度。

A. 密度　　　　　B. 总压　　　　　C. 静压　　　　　D. 温度

13. 下述选项中,属于动坐标轴系并且原点定在飞机重心上的是(　　)。

A. 地面坐标轴系　　　　　　　　　B. 机体坐标轴系

C. 气流坐标轴系　　　　　　　　　D. 航迹坐标轴系

14. 飞机的(　　)合称为飞机的姿态角。

A. 俯仰角　　　　　B. 迎角　　　　　C. 坡度　　　　　D. 偏航角

15. 俯仰角指(　　)与(　　)之间的夹角。

A. 相对气流方向　　B. 机体纵轴　　　C. 翼弦　　　　　D. 水平面

16. 迎角指(　　)与(　　)之间的夹角。

A. 相对气流方向　　B. 机体纵轴　　　C. 翼弦　　　　　D. 水平面

17. 航迹倾斜角(又称上升角)是指(　　)与(　　)之间的夹角。

A. 机体纵轴　　　　B. 航迹纵轴　　　C. 相对气流方向　　D. 水平面

18. 当(　　)和(　　)为零时,航迹滚转角与坡度(滚转角)相等。

A. 迎角　　　　　B. 俯仰角　　　　　C. 侧滑角　　　　D. 偏航角

8.5　章节自测参考答案

1. D　　　2. A　　　3. D　　　4. B　　　5. C　　　6. C

7. A　　　8. B　　　9. C　　　10. A　　　11. C　　　12. ABC

13. BCD　　14. ACD　　15. BD　　16. AC　　17. BD　　18. AC

参考文献

[1] 柳文林,康小伟. 飞机空气动力学[M]. 北京：北京航空航天大学出版社,2022.

[2] 原渭兰,吕为民,贾忠湖. 气体动力学同步学习指导及习题详解[M]. 北京：科学出版社,2013.

[3] ANDERSON J. 空天飞行导论[M]. 7 版. 张为华,李健,向敏,译. 北京：国防工业出版社,2014.

[4] 刘沛清. 空气动力学[M]. 北京：科学出版社,2021.

[5] 贾忠湖. 飞行原理基础[M]. 北京：国防工业出版社,2016.

[6] 钱翼稷. 空气动力学[M]. 北京：北京航空航天大学出版社,2004.

[7] 方振平. 航空飞行器飞行动力学[M]. 北京：北京航空航天大学出版社,2005.

[8] 陆志良. 空气动力学[M]. 北京：北京航空航天大学出版社,2013.

[9] 王勋年. 低速风洞试验[M]. 北京：国防工业出版社,2002.